리만이 들려주는 적분 1 이야기

수학자가 들려주는 수학 이야기 01

리만이 들려주는 적분 1 이야기

ⓒ 차용욱, 2007

초판 1쇄 발행일 | 2007년 11월 22일
초판 24쇄 발행일 | 2023년 7월 1일

지은이 | 차용욱
펴낸이 | 정은영

펴낸곳 | (주)자음과모음
출판등록 | 2001년 11월 28일 제2001-000259호
주소 | 10881 경기도 파주시 회동길 325-20
전화 | 편집부 (02)324-2347, 경영지원부 (02)325-6047
팩스 | 편집부 (02)324-2348, 경영지원부 (02)2648-1311
e-mail | jamoteen@jamobook.com

ISBN 978-89-544-1542-2 (04410)

수학자가 들려주는 수학 이야기

01

리만이 들려주는

적분 1 이야기

| 차 용 욱 지음 |

㈜자음과모음

수학자라는 거인의 어깨 위에서
보다 멀리, 보다 넓게 바라보는 수학의 세계!

수학 교과서는 대개 '결과'로서의 수학을 연역적으로 제시하는 경향이 강하기 때문에 학생들은 수학이 끊임없이 진화해 왔다는 생각을 하기 어렵습니다. 그렇지만 수학의 역사는 하나의 문제가 등장하고 그에 대해 많은 수학자들이 고심하고 이를 해결하는 가운데 새로운 아이디어가 출현해 온 역동적인 과정입니다.

〈수학자가 들려주는 수학 이야기〉는 수학 주제들의 발생 과정을 수학자들의 목소리를 통해 친근하게 이야기 형식으로 들려주기 때문에 학생들이 수학을 '과거 완료형'이 아닌 '현재 진행형'으로 인식하는 데 도움이 될 것입니다.

학생들이 수학을 어려워하는 요인 중의 하나는 '추상성'이 강한 수학적 사고의 특성과 '구체성'을 선호하는 학생의 사고의 특성 사이의 괴리입니다. 이런 괴리를 줄이기 위해서 수학의 추상성을 희석시키고 수학 개념과 원리의 설명에 구체성을 부여하는 것이 필요한데, 〈수학자가 들려주는 수학 이야기〉는 수학 교과서의 내용을 생동감 있게 재구성함으로써 추상적인 수학을 구체성을 갖는 수학으로 변모시키고 있습니다. 또한 중간중간에 곁들여진 수학자들의 에피소드는 자칫 무료해지기 쉬운 수학 공부에 있어 윤활유 역할을 할 수 있을 것입니다.

〈수학자가 들려주는 수학 이야기〉의 구성을 보면 우선 수학자의 업적을 개략적으로 소개하고, 6~9개의 강의를 통해 수학 내적 세계와 외적 세계, 교실 안과 밖을 넘나들며 수학 개념과 원리들을 소개한 후 마지막으로 강의에서 다룬 내용들을 정리합니다. 이런 책의 흐름을 따라 읽다 보면 각 시리즈가 다루고 있는 주제에 대한 전체적이고 통합적인 이해가 가능하도록 구성되어 있습니다.

〈수학자가 들려주는 수학 이야기〉는 학교 수학 교과 과정과 긴밀하게 맞물려 있으며, 전체 시리즈를 통해 학교 수학의 많은 내용들을 다룹니다. 예를 들어 《라이프니츠가 들려주는 기수법 이야기》는 수가 만들어진 배경, 원시적인 기수법에서 위치적 기수법으로의 발전 과정, 0의 출현, 라이프니츠의 이진법에 이르기까지를 다루고 있는데, 이는 중학교 1학년의 기수법의 내용을 충실히 반영합니다. 따라서 〈수학자가 들려주는 수학 이야기〉를 학교 수학 공부와 병행하면서 읽는다면 교과서 내용의 소화 흡수를 도울 수 있는 효소 역할을 할 수 있을 것입니다.

뉴턴이 'On the shoulders of giants'라는 표현을 썼던 것처럼, 수학자라는 거인의 어깨 위에서는 보다 멀리, 넓게 바라볼 수 있습니다. 학생들이 〈수학자가 들려주는 수학 이야기〉를 읽으면서 각 수학자들의 어깨 위에서 보다 수월하게 수학의 세계를 내다보는 기회를 갖기 바랍니다.

홍익대학교 수학교육과 교수 | 《수학 콘서트》 저자 박 경 미

세상의 진리를 수학으로 꿰뚫어 보는 맛
그 맛을 경험시켜 주는 '리만의 적분' 이야기

'미분'과 '적분'이 수학사에 등장한 것은 뉴턴과 라이프니츠에 의해서입니다. 그 후 '미적분'은 대부분의 수학 주제 속에 등장하고 있습니다. 사칙연산과 고등수학뿐만 아니라 경제학이나 공학에서도 미적분을 이용한 이론 전개가 당연시되고 있습니다.

그런데 수학을 공부하는 많은 학생들이 미적분을 어려운 과목이라고 불평합니다. 이유는 크게 두 가지로 볼 수 있습니다. 첫째, 미적분 자체가 어려운 학문이라기보다 미적분의 이해를 위해 미리 알고 있어야 할 수학 지식이 많다는 것입니다. 미적분이 고등학교 2, 3학년 교과에 등장하는 것은 이전 10~11년간의 수학 지식이 필요하다는 반증입니다. 둘째, 미적분의 학습 방법입니다. 많은 학생들이 미적분의 공식을 암기해서 답을 구하는 것에만 열중합니다.

어떤 학문을 공부할 때에는 그 학문을 능숙하게 다루는 것도 중요하지만 그 학문이 등장하게 된 배경이나 필요성을 아는 것도 중요합니다. 이는 배우고자 하는 학문을 거부감 없이 대할 수 있는 여건을 마련하고, 학습의 동기를 부여합니다. 또한 적분 속에 담긴 수학자들의 노력을 체험하고, 그들의 발자취를 따라 함께 공부함으로써 수학에 담겨진 자연의 이치를 알 수 있습니다.

이 책에 적분의 계산법은 등장하지 않습니다. 간혹 수업 진행을 위한 계산이 등장하기는 하지만 수업을 이끌어 가는 보조 도구로 제한했습니다. 계산보다는 적분 속에 담긴 수학자들의 고민과 문제 해결 과정을 알아보는 데 더 중점을 두었습니다. 특히 '도형의 넓이 구하기'를 통해 적분이 등장할 수밖에 없었던 배경을 설명했습니다.

그리고 적분이 어느 시대에 갑자기 등장한 천재들의 작품이 아니라 수많은 수학자의 고민과 수학적 문제 해결 기법의 발전에 따른 역사적 산출물임을 느낄 수 있도록 했습니다. 때문에 일곱 시간의 수업 대부분은 수학 지식이 많이 없어도 쉽게 이해할 수 있도록 서술했습니다. 하지만 중학교 수학 과정에서 등장하는 함수와 그래프에 대한 이해는 필요합니다. 세 번째 수업 시간은 함수와 그래프의 지식이 없다면 다소 어려울 수 있습니다. 적분을 설명하는 데 필수적인 수학 도구는 예를 통해 직관적으로 알 수 있도록 했습니다.

마지막으로 리만이 체계적으로 개선한 '리만 적분'을 설명하고 있기 때문에 미분을 배우지 않고도 적분에 접근할 수 있도록 수업이 이루어집니다.

자연을 이해하고 해석하려는 수학자들의 노력을 함께 느끼고, 수학의 다양한 측면을 볼 수 있는 시간이 되었으면 합니다.

2007년 11월 차용욱

추천사 박경미(홍익대학교 수학교육과 교수 | 《수학콘서트》 저자) · **04**

책머리에 · **06**

길라잡이 · **10**

리만을 소개합니다 · **18**

1 첫 번째 수업
적분이란 무엇인가? · **27**

2 두 번째 수업
적분의 원리 · **47**

3 세 번째 수업
넓이 구하기의 일반화 시도 · **69**

4 네 번째 수업
적분 기호 $\int_a^b f(x)dx$ · **97**

5 다섯 번째 수업
dx의 딜레마-더하는 것은 선분인가, 직사각형인가? · **133**

6 여섯 번째 수업
적분과 넓이 · **149**

7 일곱 번째 수업
카발리에리의 원리 · **163**

1 이 책은 달라요

《**리만**이 들려주는 **적분 1 이야기**》는 적분의 탄생 과정에 얽힌 역사적 사실을 함께 담고 있습니다. 역사적 사실과 배경을 통해 400년 전 적분학의 탄생에는 단순히 번뜩이는 한 수학자의 천재성이 아니라 2000년이라는 긴 역사 속 수많은 수학자들의 노력이 있었음을 보여 줌으로써, 수학을 거부감 없이 바라볼 수 있도록 구성하였습니다.

적분의 필요성과 적분 기호 속에 담겨 있는 적분의 의미를 설명하여, 적분이 갖는 의미와 적분하는 과정을 알 수 있도록 하였습니다.

2 이런 점이 좋아요

1 초등학생에게는 '적분' 하면 매우 어려운 수학 주제라고 알고 있지만, 실은 도형의 내부 넓이를 구하려는 소박한 열망에서 시작되었습니다. 수학자들이 단순히 하늘에서 영감을 받아 그들만의 학문을 만든 것이 아니라, 생활 속에 필요한 수학적 풀이법 중 하나로 적분이 등장했음을 보여 줌으로써, 수학을 바라보는 시각을 긍정적으로 변화시킬 수 있습니다.

2 초·중학생에게는 수학 이론 중 가장 유명한 미분·적분학을 소개하여 고 등학교 교과 과정의 일면을 엿볼 수 있게 했습니다. 나아가 적분을 선행 학 습하는 기회가 됩니다.

3 고등학생에게는 적분의 탄생 과정을 역사적으로 살펴볼 수 있는 기회가 되어 함수와 그래프에 대한 활용 능력을 키우고 나아가 수학이 발전해 온 과정을 이해함으로써 수학에 대한 거부감을 줄일 수 있게 했습니다. 특히 미분과 연 계하여 정리하지 않았기 때문에 미분을 모르더라도 적분의 기초와 그 의미를 학습할 수 있도록 하였습니다.

4 학교에서 적분을 배우는 순서와는 다른 접근 방법으로 적분을 다루었기 때문 에 이공계를 진학하려는 고등학생은 적분이 갖고 있는 의미를 새롭게 학습할 수 있습니다. 단순한 계산 이면에 숨어 있는 적분의 본질과 의미를 깨우칠 수 있어 교과 학습에 흥미를 가지게 됩니다.

3 교과 과정과의 연계

구분	단계	단원	연계되는 수학적 개념과 내용
초등학교	1-가	양의 비교	'길다, 짧다', '많다, 적다', '크다, 작다'
	2-가	기본적인 평면도형	선분, 직선, 삼각형, 사각형, 원의 이해
	4-가	삼각형	삼각형의 내각, 여러 가지 삼각형
	4-나	사각형과 도형 만들기	여러 가지 사각형
	5-가	평면도형의 둘레와 넓이	도형의 넓이
	5-나	넓이와 무게	여러 가지 도형의 넓이
	6-나	원주율과 원의 넓이	원주, 원주율, 원의 넓이
	6-나	규칙과 대응	두 수의 대응 관계
중학교	7-가	문자의 사용과 식의 계산	문자를 사용하여 간결한 식 만들기
	7-가	함수와 그 그래프	함수의 개념, 그래프
	7-나	도형의 길이, 넓이, 부피	원주율 π
	8-가	일차함수와 그 그래프	일차함수의 뜻과 그래프 그리기
고등학교	10-나	평면좌표, 직선의 방정식	문자를 사용하여 간결한 식 만들기
	10-나	함수	함수의 뜻과 그 그래프
	수 Ⅰ	무한수열의 극한	극한의 뜻, 무한등비급수
	수 Ⅱ	다항함수의 적분법	정적분, 구분구적법

4 수업 소개

첫 번째 수업_적분이란 무엇인가?

적분의 간단한 의미 파악과 함께 도형의 넓이를 구하는 방법에 대해 알아봄니다.

- 선수 학습
- 넓이 단위 m² : 한 변의 길이가 1m인 정사각형의 넓이는 1m²입니다.
- 공부 방법 : 도형의 넓이를 구하는 방법을 학습하면서, 넓이를 구할 수 있는 도형에는 어떤 것들이 있는지를 이해합니다.
- 관련 교과 단원 및 내용
- 5-가 평면도형의 둘레와 넓이

두 번째 수업 _ 적분의 원리

원의 넓이를 구하는 아이디어를 소개하면서 적분의 원리를 살펴봅니다.

- 선수 학습
- 원에 내접하는 정육각형 : 원 위에 6개의 꼭짓점이 위치하는 정육각형을 말합니다.
- 원에 외접하는 정육각형 : 6개의 변이 원의 접선이 되는 정육각형을 말합니다.
- 문자식 : 문자를 사용하여 나타낸 식을 말합니다.
- 꺾은선그래프 : 시간에 따른 수량의 변화 상태를 나타낼 때 이용되며 특히 기온, 시간 등에 대응하는 값의 변화를 살펴보는 데 적합한 자료의 표현 방식 중 하나입니다.
- 공부 방법 : 원의 넓이를 구하는 과정을 직접 손으로 적어 보고, 선생님이

알려 주는 대로 실험해 봅니다.

- 관련 교과 단원 및 내용

-4-가 여러 가지 삼각형, 삼각형의 내각의 크기

-4-나 여러 가지 사각형

-6-나 원주율과 원의 넓이

-7-가 문자의 사용과 식의 계산

-두뇌 속 사고 실험을 통하여 사물의 변화를 유추할 수 있는 능력을 키웁니다.

세 번째 수업 _ 넓이 구하기의 일반화 시도

직사각형을 이용해 도형의 넓이를 구하는 방법을 배웁니다.

- 선수 학습

-무한급수 : 수를 무한하게 더하는 것을 말합니다. 이 값은 무한히 커질 수도 있고, 또 그 값을 알지 못할 때도 있으며, 어떤 특정한 수가 되기도 합니다.

- 공부 방법 : 철수와 영희의 활동을 주의 깊게 따라가면서 도형의 넓이를 적분의 아이디어로 구하는 원리를 이해합니다.

- 관련 교과 단원 및 내용

-수 I 무한급수

-수 II 다항함수의 적분법, 구분구적법

네 번째 수업_적분 기호 $\int_a^b f(x)dx$

x축과 그래프 사이의 넓이를 구하는 적분의 원리를 직각삼각형의 넓이를 구하는 예를 통해 공부합니다.

- 선수 학습

-좌표평면 : 점에 고유 좌표값을 매길 수 있도록 한 평면

-함수 : 하나의 값이 변할 때, 그에 따라 다른 값도 변하는 관계

-그래프 : 함수의 모든 값들을 좌표평면에 표시했을 때 만들어지는 도형

-일차함수 : 그래프가 직선으로 나타나는 함수 예) $y=ax+b$

- 공부 방법 : 리만 선생님의 설명을 따라가면서 적분을 공부합니다. 특히 적분 기호 속에 숨겨진 수학적 의미를 보물찾기 하듯 하나하나 분해한다고 생각하면 좋겠습니다.

- 관련 교과 단원 및 내용

-수Ⅱ 다항함수의 적분법, 구분구적법

-함수를 그래프를 통하여 이해하는 능력을 키울 수 있습니다.

다섯 번째 수업_dx의 딜레마-더하는 것은 선분인가, 직사각형인가?

최초 적분의 아이디어에서 등장하는 여러 문제점과 수학자들의 고민들을 소개하고 이를 극복하는 과정을 살펴봅니다.

- 선수 학습

-타원 : 두 점에 이르는 거리의 합이 일정한 점들을 이은 도형을 말합니다.

- 닮음 : 모양을 바꾸지 않고 확대 또는 축소한 도형 사이의 관계를 말합니다. 일반적으로 어떤 도형을 일정 비율로 확대 또는 축소한 도형은 서로 닮은 도형이 됩니다. 이때, 확대 또는 축소하는 데 사용된 일정 비율을 '닮음비'라고 합니다.

- 닮음의 응용 : 두 닮은 도형의 닮음비가 $a : b$이면 두 도형의 넓이의 비는 $a^2 : b^2$입니다.

- 중점 연결 정리 : 삼각형의 두 변의 중점을 연결한 선분은 나머지 변과 평행하고, 그 길이는 나머지 변의 길이의 $\frac{1}{2}$ 입니다.

• 공부 방법 : 선생님의 설명을 따라가면서 학습합니다.

• 관련 교과 단원 및 내용

- 수Ⅱ 다항함수의 적분법, 구분구적법

여섯 번째 수업_적분과 넓이

좌표평면 위에 그려진 도형의 위치에 따라 적분값이 넓이가 되지 않는 경우도 있습니다.

• 공부 방법 : 철수와 영희가 고민하는 문제를 선생님의 설명을 따라가면서 풀어 갑니다.

• 관련 교과 단원 및 내용

- 수Ⅱ 다항함수의 적분법

일곱 번째 수업_카발리에리의 원리

적분의 원리 중 하나인 카발리에리의 원리를 배우고 그 쓰임새에 대하여 알아봅니다.

- 선수 학습
- 평행 : 평면 위에 놓인 두 직선이 서로 만나지 않을 때, 두 직선을 서로 '평행'하다고 합니다. 그리고 평행인 두 직선을 부를 때 '평행선'이라고 합니다.
- 공부 방법 : 리만 선생님의 친구가 고민하는 문제를 선생님의 설명을 따라가면서 이해합니다.
- 관련 교과 단원 및 내용
- 5-나 넓이와 무게

리만을 소개합니다

Bernhard, Georg Friedrich Riemann (1826~1866)

나의 이름이 붙여진 수학 이론은 꽤 많습니다.

리만 적분, 코시–리만 방정식, 리만 제타 함수와 리만 가설,

리만 다양체, 리만 기하학…….

그중 '리만 가설'은 수학에 조금만 관심이 있는 사람이라면 한번쯤

들어 보았을 것입니다.

100만 달러의 상금이 걸려 있는 문제이니까요.

 여러분, 나는 리만입니다

안녕하세요?

나는 여러분에게 적분을 소개할 '리만' 입니다.

여러분에게는 내 이름이 무척 낯설 테지요. 이렇게 여러분에게 수학 이야기를 들려주게 될 줄 알았다면 좀 더 옛날에 태어날 걸 그랬나 봅니다. 아니면 아인슈타인처럼 아주 멋있고 환상적인 이론을 만들걸 하는 아쉬움이 드네요.

그런데 그거 아세요?

아인슈타인이 내 수학 이론을 응용해서 그 유명한 상대성 이론을 만들었다는 사실 말이에요. 내가 상대성 이론의 기초를 제공한 셈이지요. 그리고 혹시 수학자 중에 '가우스'를 알고 있나요? 그분이 바로 내 스승입니다.

  사실 나는 자랑하는 것을 좋아하는 편이 아니라서 이렇게 스스로를 소개하는 것이 멋쩍고 쑥스럽습니다. 하지만 문자로 기록을 남기기 시작한 먼 옛날부터 지금까지의 수많은 수학자 중에는 나, 리만도 있음을 알려 주고 싶습니다.

  내 고향은 독일 하노버입니다. 내겐 여섯 명의 형제가 있었고, 집이 가난했기 때문에 어릴 때 충분한 영양을 섭취하지 못했습니다. 그래서인지 병에 잘 걸리는 허약 체질이었지요. 29세가 돼서야 학술 보조금을 받아 겨우 곤궁에서 벗어날 수 있었는데, 과로 탓에 40세 때 결핵을 이겨 내지 못하고 저세상으로 가야 했습니다. 그렇다고 하늘을 원망하는 것은 아닙니다. 선배 수학자 아벨 역시 나와 비슷한 처지였는데 그는 25세에 생을 마감했습니다. 비교할 만한 일은 아니지만요.

  나의 아버지는 목사였습니다. 아버지께서는 내가 신학을 공부해서 목사가 되기를 바랐지요. 그러나 나는 괴팅겐대학교에서 철학과 신학을 공부하던 중 당시 최고의 수학자였던 가우스의 강의를 듣고는 수학의 매력에 푹 빠지고 말았답니다. 그래서 신학 공부를 그만두고 수학을 공부할 수 있도록 아버지를 설득했지요. 그때부터 수학은 내 인생이 되었습니다.

28세 때 나는 내 인생에서 매우 의미 있는 강의를 하게 됩니다. 그 강의는 괴팅겐대학교에서 교수직을 인정받기 위해 치러야 할 취임 강의였는데, 내 우상인 가우스 선생님이 교수 대표로 참석해 있었습니다. 주제는 '기하학의 기초가 되는 가설에 대해'였습니다. 나는 강의 중에 기하학을 얘기하면서도 도형을 그리지 않았고, 수식은 단 1개만 썼습니다. 앞자리에 앉아 있던 가우스 선생님께 내 이론을 구구절절 설명하는 것보다 머릿속에 있는 기하학 이론을 군더더기 없이 펼쳐 보이고 싶었거든요. 가우스 선생님은 나의 기하학적 직관에 굉장한 관심을 보였습니다. 자신이 만든 곡면기하학 이론의 후계자를 보는 듯했다더군요.

하지만 내가 제시한 기하학 이론은 당시에는 빛을 보지 못했습니다. 그때는 내 이론을 담을 만한 그릇이 만들어지지 않았거든요. 아쉽게도 60년 후에나 그 그릇이 만들어졌습니다. 굉장히 큰 그릇이었지요. 내 이론이 초라해질 만큼……. 그것은 다름 아닌 '상대성 이론'입니다.

내 이름이 붙여진 수학 이론은 꽤 많습니다. 리만 적분, 코시-리만 방정식, 리만 제타 함수와 리만 가설, 리만 다양체, 리만 기하학……. 모두 대학 수학 이상의 이해력이 필요해서 여러분에게 그 내용들을 설명하기는 어렵습니다. 하지만 '리만 가설'은 수학에 조금만 관심이 있는 사람이라면 한번쯤 들어 보았을 것입니다. 100만 달러의 상금이 걸려 있는 문제거든요. 당시에 그 문제를 증명해 놓을걸 하는 미안함이 드네요. 왠지 조금만 더 노력하면 증명할 수 있을 것 같았거든요. 그래도 걱정은 안 합니다. 조만간 내 게으름을 보상해 줄 뛰어

난 수학자가 나올 것이라고 믿기 때문입니다.

후대의 수학자 클라인은 나를 일컬어 '눈부신 직관력의 소유자'라고 했습니다. 그런 찬사를 받은 이유는 중세 시대의 연금술사처럼 수학의 여러 분야를 한데 묶어 통합 이론을 만들어 냈다는 데 있는 것 같습니다. 게다가 순수 수학뿐 아니라 전자기학, 음향, 열전도 등의 공학, 물리학에서도 내 이론을 접목한 아이디어들이 많이 만들어졌습니다. 그러한 아이디어들 중 정수는 아인슈타인의 상대성 이론입니다. 아인슈타인은 이른바 '구부러진 공간'을 설명하기 위해 나의 기하학 이론을 바탕으로 하였습니다. 그는 내 기하학 이론을 기초부터 배우면서 이렇게 말했다죠.

"내 생애 이렇게 열심히 노력한 적은 없다. 지금까지 수학의 난해한 면을 사치스러운 것으로 봤지만 이제는 정말 수학에 대한 존경심을 갖게 됐다."

이로 인해 내가 60세까지 더 오래 살았다면 수학은 또 한 번의 도약을 했을 거라는 과분한 칭찬도 있었습니다.

여러분과 같이 공부할 '적분'은 내가 처음으로 만들었다기보다는 전부터 있어 왔던 적분 이론을 더 엄밀하게 정의했다고 보는 것이 맞습니다. 뉴턴과 라이프니츠가 미분과 적분을 발명한 이후 적분 이론을 더 엄밀하고 일반화된 방법으로 세련되게 다듬은 것이 '리만 적분'이기 때문입니다.

적분을 공부해 가는 여정은 많이 힘듭니다. 미리 알고 있어야 할 수학 지식과 이해력 또한 필수입니다. 하지만 나는 크게 걱정하지 않는답니다. 이 책으로 여러분이 적분을 한 번에 이해할 수 있다고 생각지는 않습니다. 그렇게 되는 것도 원하지 않습니다.

다만, 나는 여러분이 이 책을 통해 생활 속에서 발견한 사소한 문제를 어떻게 수학적으로 해결해 나가는가를 배우고 현상 속에 숨어 있는 본질을 꿰뚫어 보는 냉철한 직관력을 키울 수 있기를 바랍니다.

자, 그럼 시작할까요?

으앙 배고파!

집은 비록 가난하지만 내겐 수학이 있어서 행복해.

쏙쏙

최고의 수학자 가우스 선생님의 강의는 대단해.

가우스 선생님 같은 훌륭한 수학자가 되겠어.

불끈

몇 년 후

이건 이렇고 저건 저렇습니다.

이상으로 '기하학의 기초가 되는 가설'에 대해 말씀드렸습니다.

흐음…

자네를 내 후계자로 삼고 싶군.

가우스 선생님!

리만 교수님의 이론이 상대성 이론에 큰 도움이 되었어.

아인슈타인

쿨럭

쿨럭

리만은 안타깝게도 40세의 나이에 세상을 떠나고 말았습니다.

적분이란
무엇인가?

적분은 한자 뜻 그대로 풀이하면 '부분을 쌓다'로
즉 '나눈 부분을 모으는 행위'입니다.
수학이나 다른 과학 분야에서는 적분을 이용하여
문제를 해결하는 경우가 많습니다.

1. 넓이란 무엇이며, 옛날 사람들이 왜 넓이를 구하려 했는지 알아봅니다.
2. 다각형의 넓이를 구하는 방법에 대해 알아봅니다.
3. 곡선으로 둘러싸인 도형의 넓이를 구할 수 있는 공식이 있는지 의문을 가져 봅니다.

미리 알면 좋아요

넓이 단위 m^2 '제곱미터'라고 읽으며, 한 변의 길이가 1m인 정사각형의 넓이는 $1m^2$입니다.

리만의
첫 번째 수업

안녕하세요? 나는 '리만'입니다. 여러분을 만날 수 있어 매우 기쁩니다. 내 이론은 대부분 대학에서 배우게 됩니다. 하지만 고등학교 과정에서도 내가 관여한 분야가 나옵니다. 바로 적분[1]입니다.

적분의 종류는 많지만 고등학교에서 배우는 적분은 뉴턴과 라이프니츠가 발명한 것을 내가 일반화한 '리만 적분'입니다. 여러 종류의 적분이 있지만 결과값은 모두

1 적분 무수히 많은 조각들을 더하는 행위

같습니다. 혼란을 피하기 위해 고등학교 과정에서는 포괄적으로 '적분'이라고 소개하고 있습니다.

▨첫 시간에는 먼저 적분이란 무엇인지부터 알아보겠습니다

어떤 분야를 처음 공부할 때 그 분야에 나오는 용어와 친해지는 것이 무엇보다 중요합니다. 특히 수학 용어는 우리가 보통 사용하는 일상 용어와는 다르기 때문에 더더욱 그렇습니다.

적분은 한자입니다.
'쌓다', '모으다'의 뜻을 가진 적 積
'나누다', '부분'이라는 뜻의 분 分

한자의 뜻 그대로 풀이하면 '부분을 쌓다', 즉 '나눈 부분을 모으는 행위'입니다. 수학이나 다른 과학 분야에서 적분을 응용하여 문제를 해결하는 경우가 많습니다. 그만큼 적분의 쓰임새는 매우 광범위합니다. 그중에서도 가장 많이 쓰이는 분야는 도형의 넓이 구하기입니다.

원리는 간단합니다. 어떤 도형의 내부가 차지하는 넓이가 얼마인지 알고 싶다고 합시다. 그 도형의 내부를 여러 개의 도형으로 채웁니다. 다 채워지면, 그 도형의 넓이를 직접 구하는 대신 여러 개의 도형의 넓이를 구해 더합니다. 즉, 적분은 부분의 합으로 전체를 구하는 원리를 이용하여 넓이를 구하는 방법입니다.

그런데 좀 이상하지 않나요? 그 어렵다는 적분을 기껏 도형의 넓이를 구하는 데 쓰다니, 쉬운 것을 너무 어렵게 접근하는 건 아닐까요?

도형의 넓이 구하기가 '쉽다'고 여겨집니까? '넓이'는 우리에게

친숙한 수학 용어입니다. 넓이를 구하는 방법은 몰라도 넓이가 무엇인지는 대강 알고 있을 것입니다. 그만큼 넓이는 매우 익숙하게 다가오고, 익숙하니까 쉽게 값을 구할 수 있다고 생각하는 것이지요. 도형을 보면 그 내부가 보입니다. 그 내부는 물론 넓이를 갖겠지요.

넓이면적 평면이나 곡면 위에서 주어진 물체나 도형의 크기를 수치로 나타낸 것 ②

리만이 들려주는 적분 1 이야기

이번에는 우리가 매일 등교하는 학교의 운동장을 생각해 봅시다. 운동장을 보면서 운동장의 넓이가 얼마일까 생각해 본 적 있나요? 매일 운동장을 보고 이용하지만 그리고 운동장의 넓이는 어쨌든 있겠지만, 그 넓이를 구하는 것은 어려운 문제입니다. 우리는 때때로 너무나 익숙한 것은 그 소중함을 잊곤 합니다. 물이나 공기처럼 말입니다. 넓이도 마찬가지입니다.

넓이가 있다는 것과 넓이를 구할 수 있다는 것은 엄연히 다른 문제입니다. 넓이를 구한다는 것은 존재하고 있는 넓이의 값을 한 치의 오차도 없이 수치로 표현하는 것을 말합니다.

넓이란 평면이나 곡면 위에서 주어진 물체나 도형의 크기를 수치로 나타낸 것을 말합니다. 한자어로는 면적이라고도 하지요. 그런데 어떤 부분의 크기, 즉 넓이가 '2'라는 것은 과연 무슨 뜻일까요?

▨ 먼저 쉬운 것부터 차근차근 해결해 나갑시다

넓이가 존재하려면 도형의 모양은 어떠해야 할까요? 다음 그림처럼 뚫려 있거나 선이 교차하는 도형은 내부가 없거나 내부를 정확히 구분하기 힘들기 때문에 넓이를 구하는 것이 의미가 없습니다.

넓이를 구할 수 없는 도형들

옛날 수학자들은 아래 그림처럼 도형의 경계가 평면을 두 부분, 즉 도형의 내부와 외부로 나눌 수 있어야 넓이가 존재한다고 말했습니다. 우리도 도형의 넓이를 구한다고 할 때는 아래 그림처럼 내부가 있어 그 넓이가 존재하는 도형만을 가정합니다. 그리고 도형 내부의 넓이를 간단히 도형의 넓이라고 부릅니다.

내·외부 구분이 명확해서 넓이를 구할 수 있는 도형들

최초로 넓이를 계산한 나라는 이집트입니다. 물론 문자의 기록을 시작한 나라도 이집트입니다. 점차 사람들이 모여 살게 되면서 넓이를 구할 필요가 생겼겠지요. 특히 농경 사회에서 밭의 크기, 즉 밭의 넓이를 재는 일은 매우 중요했습니다. 자신이 소유한 땅의 넓이를 알고 싶다는 개인적인 희망도 있었겠지만, 같은 넓이의 밭이라면 수확물의 양도 거의 비슷하니까 추수해서 거둬들일 곡식의 양 또한 예측할 수 있었습니다. 예를 들어 1m² 넓이의 땅에서 쌀 50kg을 수확했다면, 10m²의 땅에서는 쌀 500kg을 수확하겠지요.

옛날에도 지금처럼 국민들에게서 세금을 거두어들였습니다. 대부

분의 국민들은 농사를 지었는데요, 정부는 경작하는 땅의 넓이를 기준으로 일정량의 쌀을 걷는 방식을 택했습니다. 따라서 넓이를 정확히 재는 것은 공평한 조세 부담과 직결되는 중대한 문제였습니다.

자, 이제 여러분이 이집트 정부에 소속된 논의 넓이를 재는 수학자라고 합시다. 지금부터 세금 징수원과 함께 세금을 걷으러 다닐 것입니다. 논의 넓이를 징수원에게 가르쳐 준 후 세금으로 낼 쌀의 양을 계산할 수 있게 도와주는 것이 여러분의 일입니다.

여러분은 다양한 모양의 논을 만나게 되겠지만 넓이를 구하는 것은 약간의 도형 상식만 있다면 어려운 일이 아닙니다.

리만이 들려주는 적분 1 이야기

여러분이 세야 할 것은 한 변의 길이가 1인 정사각형입니다. 이 정사각형을 우리는 단위정사각형[*]이라고 합니다. 넓이의 기준이 되기 때문이지요. 이 사각형의 넓이는 1입니다. 편의상 단위는 생략하겠습니다.

A 농부의 땅은 가로 3, 세로 2의 직사각형 모양을 하고 있습니다. 넓이를 재기 위해 먼저 직사각형의 내부에 단위정사각형을 '타일 붙이듯이' 채워 나갑니다. 빈틈없이 꽉 채워질 때까지 타일 붙이기를 계속하니, 이 직사각형을 채우는 데 모두 6개의 단위정사각형이 필요했습니다. 그래서 이 땅의 넓이가 6이라고 알려 주었습니다.

❸ 단위정사각형 한 변의 길이가 1인 정사각형

넓이 재기의 기본은 단위정사각형으로 도형의 내부에 타일 붙이기를 한 후 그 타일의 개수를 세는 것입니다.

가로 3, 세로 2의 직사각형

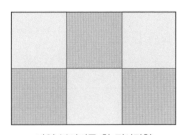

타일 붙이기를 한 직사각형

물론 단위정사각형으로는 내부를 꼭 맞게 채울 수 없는 직사각형도 있습니다. 가로와 세로의 길이가 각각 1.5, 0.5인 경우인데요, 이 경우 크기와 모양이 같은 직사각형을 여러 개 붙여서 타일 붙이기가 가능한 직사각형으로 만들어 봅시다.

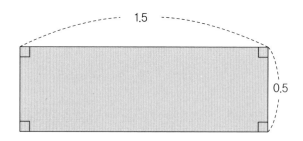

위의 직사각형의 넓이를 구하기 위해 아래처럼 같은 모양의 직사각형 3개를 붙여서 큰 직사각형으로 만들어 보겠습니다.

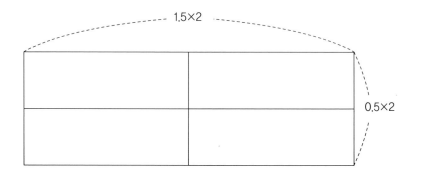

그러면 4개의 직사각형이 합체된 큰 직사각형의 넓이를 구할 수 있

습니다. 3개의 단위정사각형으로 큰 직사각형의 내부를 타일 붙이기 할 수 있습니다. 따라서 큰 직사각형의 넓이는 3입니다.

그런데 우리가 구하는 대상은 작은 직사각형이죠. 작은 직사각형 4개가 모여서 넓이가 3인 도형이 됐으니 작은 직사각형의 넓이는 $\frac{3}{4}$, 즉 0.75입니다. 이때 0.75=1.5×0.5, 다시 말해 '가로 길이와 세로 길이의 곱'입니다.

여기서 넓이를 재는 수학자는 직사각형의 넓이에 일정한 패턴이 있다는 것을 알게 됩니다. 그 일정한 패턴을 식으로 만든 것이 공식입니다. 직사각형의 넓이 공식은 다음과 같습니다.

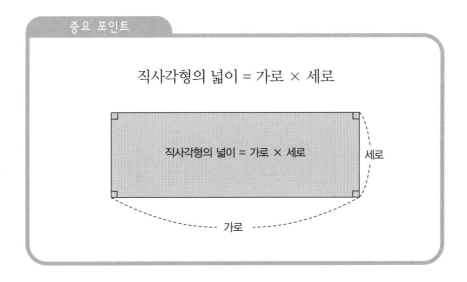

중요 포인트

직사각형의 넓이 = 가로 × 세로

직사각형의 넓이 = 가로 × 세로

세로

가로

이제 직사각형 모양의 밭은 모두 넓이를 계산할 수 있습니다. 그럼 도형의 넓이가 '2'라는 것은 무슨 뜻일까요? 타일 붙이기를 연상하면 쉽게 유추할 수 있습니다. 단위정사각형의 넓이보다 2배 크다는 의미로 모양은 상관없습니다.

B 농부의 땅은 밑변이 10, 높이가 8인 삼각형 모양입니다. 고민인 것은 단위정사각형으로 타일 붙이기 하는 것으로는 삼각형의 내부를 채울 수 없다는 점입니다. 그래서 방법을 약간 달리했습니다. 아래와 같이, 삼각형은 높이로 인해 두 조각이 나는데 그 조각난 도형과 같은 크기 모양의 조각을 180° 회전하여 원래의 삼각형에 붙였더니 직사각형이 되는 것입니다.

결국 B 농부의 땅 넓이는 가로 10, 세로 8인 직사각형의 넓이의 반, 즉 40이 됩니다.

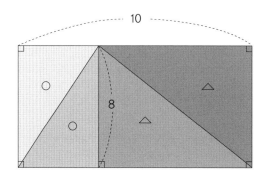

리만이 들려주는 적분 1 이야기

역시 삼각형의 넓이에도 다음과 같은 공식을 만들 수 있습니다.

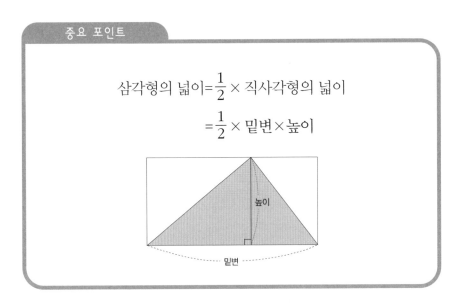

중요 포인트

$$삼각형의 넓이 = \frac{1}{2} \times 직사각형의 넓이$$

$$= \frac{1}{2} \times 밑변 \times 높이$$

C 농부의 땅은 다음과 같이 복잡한 다각형 모양을 하고 있습니다.
하지만 어렵지 않습니다.

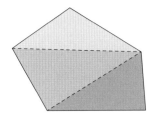

다각형의 넓이는 삼각형의 넓이를 이용하여 구할 수 있습니다. 다
각형에 몇 개의 대각선을 그음으로써 그 내부를 여러 개의 삼각형으

로 분리할 수 있습니다. 오각형 모양인 C 농부의 땅 넓이는 세 삼각형의 넓이를 합하면 됩니다.

이제 도형의 넓이를 재는 데 어려움이 없어 보입니다. 하지만 D 농부의 땅을 보고는 그만 낙담하고 말았습니다. D 농부의 땅은 지름이 9m인 원형이었던 것입니다. 게다가 E 농부의 땅은 타원 모양, F 농부의 땅은 그야말로 경계가 중구난방이었습니다.

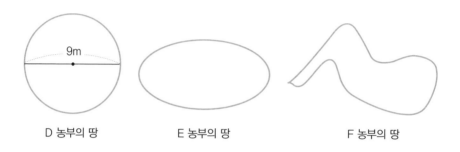

D 농부의 땅   E 농부의 땅   F 농부의 땅

곡선을 경계로 하는 도형의 내부를 단위정사각형으로 꽉 채울 수는 없을 것입니다. 곡선과 직선은 모양 자체가 다른 대상이니까요. 그렇다고 삼각형처럼 조각내어 붙여도 도형을 꽉 채울 수는 없을 것 같습니다. 그래서 수학자는 궁여지책으로 넓이의 근삿값❹과 비슷한 넓이의 정사각형을 산출해서 구했습니다.

❹ **근삿값** 참값은 아니지만 참값을 대신할 수 있는 아주 가까운 값

리만이 들려주는 적분 1 이야기

다음은 이집트에서 사용한 원의 넓이 공식입니다.

$$\text{원의 넓이}=\left\{(\text{지름})\times\frac{8}{9}\right\}\times\left\{(\text{지름})\times\frac{8}{9}\right\}=\left\{(\text{지름})\times\frac{8}{9}\right\}^{2}$$

앞의 공식의 맨 끝 위쪽에 위치한 첨자 2는 중괄호 안의 값을 2회 곱하라는 수학 기호입니다. 우리말로는 '제곱'이라고 읽습니다. 이 공식으로 D 농부의 땅 넓이를 구하니 $64m^2$가 됐네요. 여러분이 원의 넓이에 조금만 관심을 가지고 있다면, 이 값은 참값이 아니라는 것을 단번에 느낄 것입니다. 실제 넓이는 $63.6172\cdots m^2$입니다.

그러나 E, F 농부의 땅 넓이는 지금까지의 방법으로는 계산할 도리가 없습니다. 뭔가 특별한 게 필요합니다.

다음 시간에는 원의 넓이를 잴 수 있는 특별한 공부를 하겠습니다.

1 넓이란 평면상에서 주어진 부분의 크기를 수치로 나타낸 것을 말합니다.

2 적분의 시초는 도형의 넓이 구하기였습니다.

3 직사각형의 넓이 = 가로 × 세로

4 삼각형의 넓이 = $\frac{1}{2}$ × 직사각형의 넓이

= $\frac{1}{2}$ × 밑변 × 높이

5 삼각형, 사각형 같은 다각형의 넓이는 공식으로 쉽게 구할 수 있지만, 곡선으로 된 도형의 경우에는 넓이를 구하는 방법이나 공식을 만들기가 쉽지 않습니다.

적분의 원리

원을 만드는 곡선은 원의 중심에서
모두 같은 거리만큼 떨어져 있습니다.
이 거리를 '반지름'이라고 합니다.

두 번째 학습 목표

1. 원의 넓이 구하는 공식을 알아봅니다.
2. 원의 넓이를 구하는 아이디어를 이해합니다.

미리 알면 좋아요

1. 원에 내접하는 정육각형 원 위에 6개의 꼭짓점이 위치하는 정육각형을 말합니다.

2. 원에 외접하는 정육각형 6개의 변이 원의 접선이 되는 정육각형을 말합니다.

3. 문자식 문자를 사용하여 나타낸 식을 말합니다.

4. 꺾은선그래프 수량의 시간적 변화 상태를 나타낼 때 이용되며, 특히 기온, 시간 등에 대응하는 값의 변화를 살펴보는 데 적합한 자료의 표현 방식 중 하나입니다.

리만의
두 번째 수업

첫 시간은 어땠나요? 어렵진 않았나요? 적분 이야기는 하지 않았
지만 적분의 시작이 도형의 넓이 측정이었기 때문에 학교에서 배우
는 다각형의 넓이 계산을 다뤘습니다. 이번 시간부터는 곡선으로 둘
러싸인 도형의 넓이를 구해 보기로 하지요.

수학자들은 곡선으로 된 도형의 넓이를 계산하기 시작합니다. 대충 어림잡아 계산한 근삿값으로는 자존심이 허락지 않았던 것이지요. 이러한 그들의 노력은 몇몇 곡선도형의 넓이 계산에서 놀라운 성과를 냅니다. 특히 2500년 전의 그리스 시대에 살았던 수학자들은 원, 타원, 포물선*의 넓이 계산을 해 냅니다. 물론 정확한 값은 아니었지만 당시에는 매우 혁명적인 근삿값이었습니다.

❺
포물선 물체를 던졌을 때 그 물체가 나아가면서 그려내는 궤적을 이은 곡선

곡선으로 둘러싸인 도형 중 가장 대표적이고 익숙한 도형이 무엇인가요? 맞아요, 원입니다. 고등학교 과정에서나 배울 수 있다는 적분을 초등학교 과정에서도 만날 수 있습니다. 언제냐고요? 바로 원의 넓이를 구할 때입니다. 단지 적분이라는 말을 하지 않았을 뿐입니다.

원은 매우 아름다운 도형입니다. 어디서 보아도 대칭입니다. 여럿이 모여 먹는 음식은 서로 싸우지 말라고 주로 원으로 만듭니다. 케이크나 피자 등이 대표적이죠. 그리고 등분, 즉 같은 모양, 같은 넓이가 되도록 최대한 원의 중심을 지나도록 잘라서 나누어 먹습니다. 물론 싸우기도 하는데요, 싸움의 원인은 등분하지 않은 자르기의 능력 부족이기도 하지만 보통은 음식을 나누는 사람의 욕심 때문이지요.

원을 만드는 곡선은 원의 내부의 한 점, 즉 우리가 '원의 중심'이라

리만이 들려주는 적분 1 이야기

고 하는 점에서 모두 같은 거리만큼 떨어져 있습니다. 이 거리를 반지

름이라고 합니다. 그리고 원의 둘레의 길이를 원주라고 합니다.

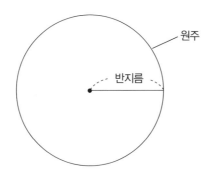

$$원주 = 2 \times (반지름) \times (원주율)$$

원주율 π 원의 지름과 원주 사이의 비율

⑥

원의 지름과 원주 사이에는 항상 일정한 비율이 유지된다는 걸 알게 된 고대 수학자들은 이 비율을 원주율❸이라고 이름 붙이고 그리스 문자로 'π파이'라는 기호를 달아 주었습니다. 원주율의 값은 3.14로 배우지만 이 값은 근삿값으로 정확한 값은 아닙니다. 원주와 원주율에 대한 자세한 이야기가 궁금하면 〈수학자가 들려주는 수학 이야기〉 시리즈 《원 이야기》를 읽어 보세요.

지름과 원주 사이의 비율 = 3.14

100

100

1

3.14 배

52

원의 넓이를 구하기 전에 우리가 옳다고 인정할 수 있는 몇 가지 사실을 되짚고 가겠습니다.

첫째, 도형의 내부는 여러 개의 작은 조각으로 분리할 수 있습니다.

둘째, 도형의 넓이는 여러 개의 분리된 조각들의 넓이를 모두 합한 값과 같습니다.

이 사실들은 다각형*의 넓이를 구하기 위해 다각형의 내부를 여러 개의 삼각형들로 분리한 후 그것들의 넓이를 모두 합해 원래 도형의 넓이를 구하는 방법에서 이미 배웠습니다.

❼ 다각형 세 개 이상의 선분으로 둘러싸인 평면도형. 꼭짓점의 개수에 따라 삼각형, 사각형 등으로 불리며, 특히 선분의 길이와 내각의 크기가 모두 같은 다각형을 정다각형이라고 한다.

자, 본격적으로 원의 넓이를 구해 보겠습니다. 계산은 원을 여러 개의 똑같은 조각으로 등분하는 것부터 시작합니다.

우선 원을 6등분합니다. 그리고 6등분하는 데 사용한 3개의 지름이 원과 만나는 6개의 점을 꼭짓점으로 하는 정육각형을 그립니다. 그리고 3개의 지름을 연장한 선에 꼭짓점이 오도록 다음과 같이 외접하는 정육각형을 그립니다. 다음 페이지의 오른쪽 그림은 여섯 조각 중 한 조각을 확대한 그림입니다.

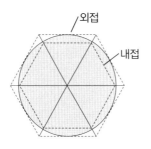

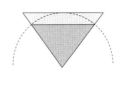

외접 도형이 다른 도형과 접할 때, 바깥쪽에서 접하는 것

내접 도형이 다른 도형과 접할 때, 안쪽에서 접하는 것

원호 원주상의 두 점 사이의 부분

❽

원의 넓이는 외접●한 정육각형의 넓이보다는 작지만, 내접●한 정육각형의 넓이보다는 큽니다. 위 그림에서 원호●는 내접하는 정다각형의 바깥쪽에, 외접하는 정다각형의 안쪽에 위치함을 알 수 있습니다.

내접한 정육각형의 넓이 < 원의 넓이 < 외접한 정육각형의 넓이

이 책에서는 정육각형의 넓이를 직접 구하지 않겠습니다. 하지만 여러분이 삼각비를 공부한다면 구할 수 있습니다. 대신 다음의 그림처럼 6등분된 조각을 서로 엇갈리게 돌려 맞추어 놓습니다. 왼쪽은 내접한 정육각형 조각을 모은 그림이고, 오른쪽은 외접한 정육각형 조각을 모은 그림입니다. 조각 삼각형은 이등변삼각형입니다. 두 변의 길이가 같은 삼각형이지요.

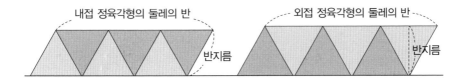

내접 정육각형의 둘레의 반   외접 정육각형의 둘레의 반

반지름   반지름

배열을 달리하니 평행사변형[9]이 되는군요. 이 평행사변형의 넓이는 왼쪽의 6개의 삼각형을 나열한 넓이를 합한 값과 같습니다. 그리고 분명 오른쪽의 평행사변형이 왼쪽보다 큽니다. 따라서 앞에서 주어진 세 도형의 넓이 사이의 부등호 관계는 여전히 유효합니다.

❾ 평행사변형 마주 보는 두 변이 서로 평행한 사변형. 혹은 마주 보는 두 변의 길이가 같은 사각형

이제 원을 12등분해 보겠습니다. 내접하는 정십이각형을 만드는 과정은 의외로 쉽습니다. 내접하는 정육각형에 이웃하는 두 꼭짓점 사이의 원호 정중앙을 새 꼭짓점으로 하면 쉽게 만들어집니다. 그리고 내접하는 정십이각형의 마주 보는 꼭짓점을 이어서 만든 6개의 지름을 연장한 선에 꼭짓점이 오도록 외접하는 정십이각형을 만듭니다. 그런 다음 위와 동일한 방법으로 12개의 조각을 엇갈려 배열합니다.

여기서 주목할 것은 원의 넓이가 아니라 삼각형들의 넓이의 합, 즉 내·외접한 정다각형의 넓이 전체입니다. 그리고 넓이의 값 자체가 아니라 평행사변형의 크기와 모양입니다. 앞에서 살펴본 정육각형으로 만든 평행사변형과 정십이각형으로 만든 평행사변형의 크기와 모양은 어떻게 다른가요?

모양은 여전히 평행사변형이지만 점점 세로 변이 서 있는 느낌이 들지요? 달리 말하면 전과 비교해서 직사각형 모양으로 변하고 있다는 것입니다.

다음으로 넓이를 볼까요? 내접한 정다각형의 넓이는 점점 커집니다. 반면에 외접한 정다각형의 넓이는 작아집니다. 그리고 두 정다각형의 넓이 차이 또한 점점 작아지고 있습니다. 언뜻 보면 같은 크기처럼 보이는군요. 이를 부등호로 표현하면 다음과 같습니다.

> 내접한 정육각형의 넓이 < 내접한 정십이각형의 넓이
> < 원의 넓이 < 외접한 정십이각형의 넓이
> < 외접한 정육각형의 넓이

표현이 너무 길어지니까 약간의 약속을 하려 합니다.

리만이 들려주는 적분 1 이야기

앞으로 I_6을 내접한 정육각형의 넓이라고 쓰겠습니다. 그리고 O_6을 외접한 정육각형의 넓이라고 하겠습니다. 그럼 I_{12}는 어떤 약속일까요? 네, 내접한 정십이각형의 넓이입니다. 마지막으로 원의 넓이는 S라고 쓰겠습니다.

그럼 이렇게 간단히 표현할 수 있겠군요.

$$I_6 < I_{12} < S < O_{12} < O_6$$

긴 한글 표현을 기호로 쓰니까 길이가 확 줄었죠? 이것이 문자식의 위력입니다. 처음 약속만 확실히 하면 시간과 물자를 효율적으로 절약할 수 있답니다.

한 번 더 잘게 등분해서 내·외접하는 정이십사각형의 도형을 만들고 역시 위와 같은 방법으로 배열하겠습니다.

외견상으로는 두 평행사변형 사이에 크기 차이를 별로 느낄 수 없

을 정도입니다. 하지만 분명한 것은 오른쪽 평행사변형의 넓이가 더 크다는 것이고, 그 사이에 원의 넓이가 존재한다는 것입니다. 또한 평행사변형의 모양은 이제 직사각형에 더욱 가까워진 모양입니다.

부등호로 넓이를 비교하면 다음과 같습니다.

$$I_6 < I_{12} < I_{24} < S < O_{24} < O_{12} < O_6$$

아래 그림은 정구십육각형을 이용하여 만든 평행사변형입니다. 이제 둘의 넓이는 거의 같습니다. 그리고 그 모양 또한 직사각형이라 해도 큰 무리가 없어 보입니다. 확대하면 여전히 크기가 다르지만 두 넓이의 차는 훨씬 작아졌습니다.

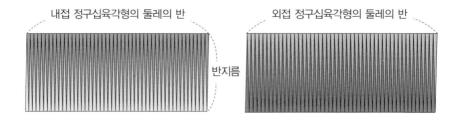

내접 정구십육각형의 둘레의 반   외접 정구십육각형의 둘레의 반

반지름

$$I_6 < I_{12} < I_{24} < I_{48} < I_{96} < S < O_{96} < O_{48} < O_{24} < O_{12} < O_6$$

다음은 반지름이 10인 원의 내·외접한 정다각형을 쪼개서 나온 삼각형의 크기와 그 밑각을 정다각형의 변화에 따라 계산한 표와 정다각형의 넓이 변화 추이를 나타낸 꺾은선그래프입니다.

정다각형	밑각	내접하는 삼각형		외접하는 삼각형		정다각형의 넓이		
		밑변	높이	밑변	높이	내접 정다각형	외접 정다각형	넓이의 차
정육각형	60°	10.00	8.66	11.55	10.00	259.81	346.41	**86.60**
정십이각형	75°	5.18	9.66	5.36	10.00	300.00	321.54	**21.54**
정이십사각형	82.5°	2.61	9.91	2.63	10.00	310.58	315.97	**5.39**
정사십팔각형	86.25°	1.31	9.98	1.31	10.00	313.26	314.61	**1.35**
정구십육각형	88.125°	0.65	9.99	0.65	10.00	313.94	314.27	**0.33**

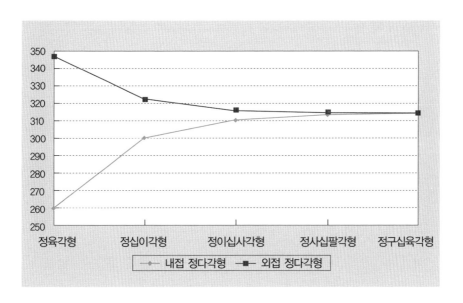

■이제, 내가 무엇을 말하고 싶어 하는지 눈치 챘나요?

정다각형의 꼭짓점이 많아짐에 따라 발생하는 변화에 대한 우리의 추측을 정리해 볼까요?

첫째, 삼각형의 밑각은 점점 $90°$가 될 것입니다.

둘째, 조각 삼각형들을 모아서 만든 평행사변형의 두 가로의 길이는 원둘레의 길이와 점점 같아질 것입니다.

셋째, 평행사변형은 점점 직사각형이 될 것입니다.

마지막으로, 넓이의 차는 거의 0에 가까워질 것입니다. 그리고 두 정다각형의 넓이 사이에 원의 넓이가 존재하므로 원의 넓이는 결국 각각의 정다각형의 넓이와 같아질 것입니다.

이 추측들은 손으로 정다각형을 그리는 것만으로는 확인이 불가능합니다. 앞에서 구십육각형을 그리는데도, 삼각형 모양이 거의 선분처럼 되어 버렸으니까요.

그래서 이번에는 실험실을 옮기겠습니다.

지금부터가 중요합니다. 이제 우리는 눈으로 볼 수 없는 실험을 할 것입니다. 오로지 여러분의 머릿속이 실험실이 되어 상상 실험을 해야 합니다.

이제 원에 여러분이 생각하고 있는 가장 큰 자연수보다 더 많은 꼭 짓점을 가지는 정다각형을 그리세요. 그리고 아까처럼 무수히 많은 삼각형 조각을 엇갈리게 배열하세요. 그러면 삼각형의 한 각은 거의 $0°$와 같은 값을 가져서 그 모양은 직선이 되어 버릴 것입니다.

또한 내접한 정다각형의 넓이와 외접한 정다각형의 넓이는 차이가 없을 정도로 거의 같아집니다.

조각 삼각형을 모아서 만든 평행사변형은 네 각이 $90°$인 평행사변 형이 됩니다. 여러분의 상상이 올바르게 진행되었다면 여러분만의 실험실에서 만들어진 도형은 다음과 같을 것입니다.

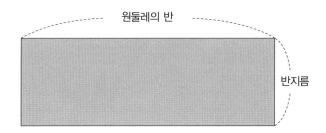

위의 직사각형이 실험의 결과물입니다. 실험실에서 무엇을 보고 있나요? 내접한 정다각형의 넓이는 외접한 정다각형의 넓이와 같습 니다. 그리고 두 넓이 사이에 원의 넓이가 있습니다. 따라서 세 도형

의 넓이는 모두 같아집니다. 결국 원의 넓이 구하기는 직사각형의 넓

이 구하기로 변환되었습니다. 우리는 원의 넓이를 구하는 과정을 정

다각형의 넓이를 구하는 것으로 변환한 것입니다.

　그러면 이 직사각형의 세로의 길이는 무엇일까요? 바로 원의 반지름입니다. 가로의 길이는 무엇일까요? 직사각형의 가로는 부채꼴의 호이니까 위아래 두 가로의 길이의 합은 바로 원주가 됩니다.

따라서 가로의 길이는 $\frac{1}{2} \times$(원주)$= \frac{1}{2} \times 2 \times$(반지름)$\times$(원주율)이므로, 직사각형의 넓이는 (반지름)$\times$﹛(반지름)$\times$(원주율)﹜이 됩니다. 이 값이 곧 원의 넓이입니다. 원의 넓이 구하는 공식이 만들어졌군요. 이때 첨자 2는 '제곱'이라는 수학 기호입니다.

> **중요 포인트**
>
> 원의 넓이=(반지름)$\times$﹛(반지름)$\times$(원주율)﹜
>
> =(원주율)$\times$(반지름)^2

원의 넓이를 구하는 과정은 식이 없을 뿐 적분의 처음과 끝을 자세하게 보여 주는 좋은 예입니다. 처음에 우리가 적분의 한자 뜻이 '나눈 부분을 모으는 행위'라고 했지요? 적분은 넓이를 구하려는 도형의 내부를 극히 미세한 도형, 하지만 넓이를 계산할 수 있는 도형으로 나눈 후, 나눈 도형의 넓이를 모두 합하여 원래 도형의 넓이를 구하는 과정입니다. 넓이를 직접 계산할 수 없는 원의 넓이를 계산하는 대신 넓이 계산이 가능한 정다각형의 넓이를 계산한 후 몽땅 더한 값으로 우회하여 넓이를 구하는 방식이 바로 적분의 원리입니다.

적분의 아이디어는 부분을 합하여 전체를 계산하는 단순한 생각에서 시작됩니다. 하지만 우리가 적분을 어려워하는 이유는 그것을 직접 풀어 계산하는 것이 아니라 머릿속으로만 하는 상상의 행위이기 때문입니다. 게다가 적분 과정에는 이해할 수 없는 사실들이 숨어 있습니다.

앞에서 설명했던 원의 넓이 구하는 과정을 다시 살펴보겠습니다. 우리는 마지막 과정에서 무수히 많은 삼각형의 재배열된 모양을 직사각형으로 여겼습니다. 하지만 실제로는 결코 직사각형이 될 수 없습니다. 곡선은 여전히 곡선이며 내각의 크기 또한 결코 직각이 되지 않습니다. 하지만 우리는 직사각형으로 원의 넓이를 계산했습니다. 만일 원과 직사각형의 넓이가 같아진다는 것을 곧바로 이해했다면 여러분은 이미 고등수학을 접했거나 매우 뛰어난 수학적 재능을 가진 것입니다.

이 적분 원리를 처음으로 생각해 낸 사람은 안티폰으로 알려져 있지만, 실제로 원의 넓이를 계산했다고 기록된 수학자는 아르키메데스입니다. 아르키메데스는 정구십육각형의 넓이를 계산하여 원의 넓이를 최대한 참값에 가깝게 계산하였습니다. 그는 반지름이 1인 원의 넓이를 소수점 둘째 자리까지 정확하게 계산했습니다. 사실 반지름이 1인 원의 넓이는 원주율 파이π입니다. 파이는 3.141592…로 소수점 아래의 숫자가 멈추지 않고 끝없이 계속되는 무한소수[10]입니다.

그러나 그 작업은 실제로 이루어진 실험이 아니었기 때문에 정당성을 얻기까지 많은 시간이 흘러야 했습니다. 방법이 워낙 독특해서 많은 의문을

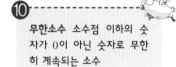

⑩----
무한소수 소수점 이하의 숫자가 0이 아닌 숫자로 무한히 계속되는 소수

낳았고 그것들은 아르키메데스의 실험 이후 2000년 동안이나 해결되지 못했습니다. 여기에 그 의문들을 정리해 보면 다음과 같습니다.

첫째, 눈에 보이는 세 개의 도형, 그러니까 원과 원에 내접하는 다각형 그리고 외접하는 다각형 모두 넓이가 같아질 수 있는지 의문이다. 아무리 꼭짓점이 많다 해도 여전히 그 넓이는 달라 보인다.

둘째, 무한히 많은 꼭짓점을 가진 정다각형을 조각내서 만든 평행사변형이 직사각형으로 변신하려면 삼각형이 더 이상 세 각을 가지는 도형이라는 삼각형의 본질을 잃어버리는 결과가 되고 만다. 그럴 경우 한 각의 크기가 0°가 되어야 하는데, 이 경우 삼각형이 아니라 선분이라고 불러야 하기 때문이다. 선분의 넓이는 0이라고 배웠는데 어떻게 0인 넓이를 갖는 선분을 더해 넓이가 있는 직사각형이 되는지

의문이다. 0을 아무리 무한 번 더해도 그 값은 역시 0이 아닌가? 우리가 배우고 있는 덧셈은 무한 번 더하는 행위에서는 성립하지 않는 것인가?

혹시 여러분도 이런 의문이 생겼다면 박수! 나와의 수업이 잘 이뤄졌다는 증거입니다. 여러분의 의문은 아르키메데스도, 미적분의 창시자인 뉴턴과 라이프니츠도 조리 있게 증명해 해결하진 못했습니다.

아르키메데스는 정다각형의 꼭짓점을 무한히 늘림으로써 원의 넓이를 구할 수 있음을 증명했습니다. 하지만 우리가 지닌 의문을 명확한 논리로 논증하지는 못했습니다. 그 이유는 아르키메데스의 수학 실력이 떨어져서였다기보다 당시의 수학 수준이 낮아서였다고 보는 게 옳습니다. 그리스 시대에는 우리가 머릿속 실험실에서 했던 모든 작업을 부질없는 것으로 생각했습니다. 눈에 보이지 않는 계산은 무의미하다는 게 그 이유였죠.

적분은 도형의 넓이를 구하려는 인간의 소박한 희망에서 탄생했지만, 그 내면에 숨겨져 있는 수학적 아이디어의 무결성 검증은 약간 고차원적인 수학 지식과 혁신적인 사물의 관찰력이 필요했습니다.

다음 시간에는 넓이의 계산에서 나왔던 의문들을 해결하면서, 내가 적분을 어떻게 정형화했는지에 대해 공부하겠습니다.

두번째
수업 정리

1 원의 넓이를 구하는 원리와 과정

원에 내접하는 정다각형의 넓이는 항상 원 넓이보다 작습니다. 또 원에 외접하는 정다각형의 넓이는 항상 원 넓이보다 큽니다.

하지만 정다각형의 꼭짓점이 많아질수록 내·외접하는 두 정다각형의 넓이는 점점 근접합니다. 결국 우리의 상상 속에서 꼭짓점을 무한히 늘린다면 두 정다각형의 넓이는 같아질 것이고 원의 넓이도 각각의 두 정다각형의 넓이와 같아집니다.

2 원의 넓이=(반지름)×{(반지름)×(원주율)}

=(원주율)×(반지름)^2

넓이 구하기의
일반화 시도

포물선의 넓이를 구하는 방법 또한
아르키메데스의 작품입니다.
그는 그리스를 침략한 로마 군대에 의해 죽기에는
너무나 아까웠던 매우 뛰어난 수학자였습니다.

세 번째 학습 목표

1. 원의 넓이를 구하는 과정과 포물선의 넓이를 구하는 과정에서 공통점을 찾습니다.
2. 적분의 아이디어와 원리에 대하여 알아봅니다.

미리 알면 좋아요

무한급수 수를 무한하게 더하는 것을 말합니다. 무한급수의 값은 무한히 커질 수도 있고 그 값을 알지 못할 때도 있지만 어떤 특정한 값이 되는 경우도 있습니다.

리만의
세 번째 수업

전 시간에 무엇을 공부했나요? 원의 넓이를 구하는 방법에 대해 공부했지요. 그런데 수학자들은 원 이외의 다른 곡선도형의 넓이를 구하는 방법도 연구하지 않았을까요? 네, 물론 수학자들은 본연의 임무에 충실했습니다. 곡선도형 중에서 원의 넓이만 구한 건 아니었으니까요. 원과 비슷한 도형인 타원의 넓이도 계산해 냈습니다. 그리고 공이 날아갈 때 그리는 궤적인 포물선과 직선으로 둘러싸인 도형의 넓이도 구했습니다.

타원의 넓이 구하는 방법은 다섯 번째 수업 시간에 자세히 소개하도록 하고요, 이번 시간은 포물선과 직선으로 둘러싸인 도형의 넓이를 구하는 방법을 알아보겠습니다.

포물선의 넓이를 구하는 방법 또한 아르키메데스의 작품입니다. 그는 그리스를 침략한 로마 군대에 의해 죽기에는 너무나 아까웠던 매우 뛰어난 수학자였습니다.

포물선의 넓이를 구하는 방법은 원의 넓이를 구하는 방법과는 조금 다르지만 원리는 같습니다. 원의 경우 등분하여 내접하는 다각형 넓이의 합으로 그 넓이를 구했다면, 포물선의 경우 내부를 채우는 삼각형 조각들의 합으로 넓이를 구합니다.

예를 들어 아래 그림처럼 밑변은 직선이고, 나머지는 포물선인 도형의 넓이를 구해 봅시다. 편의상 대칭인 도형으로 했습니다.

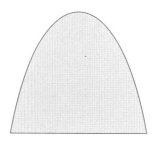

리만이 들려주는 적분 1 이야기

먼저 직선과 평행하면서 포물선에 접하는 접선을 그어서, 그 접점과 직선, 포물선이 만나는 두 점을 이어 하나의 삼각형을 만듭니다.

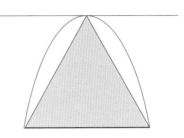

포물선 내부에 아직 삼각형으로 채워지지 않는 부분이 있군요. 그럼 같은 방법으로 삼각형을 또다시 채워 봅시다.

삼각형의 한 대변과 평행하고 포물선에 접하는 두 접선의 접점을 찾은 후 대변의 양 끝점과 접점을 이어서 작은 삼각형을 만듭니다. 그리고 다른 대변에도 같은 방법으로 삼각형을 만듭니다.

그러면 3개의 삼각형은 포물선의 내부를 점점 덮어 나가게 됩니다.

남은 부분도 역시 위와 같은 방법으로 채워 나갑니다. 4개의 작은 삼각형으로 남은 부분을 채웁니다.

그러면 역시 언젠가는 우리의 머릿속 실험실에서 삼각형들의 넓이의 합이 포물선의 넓이와 같아질 것입니다. 그 결과 포물선의 넓이는 최초의 삼각형의 넓이를 $\frac{4}{3}$ 배 한 것과 같은데요, 계산 과정은 생략하겠습니다.

그런데 왜 갑자기 생뚱맞게 포물선의 내부 넓이를 구하는 옛날 방법을 설명했을까요? 선생님은 여러분이 원의 넓이를 구했던 방법과 포물선의 넓이를 구했던 방법의 공통점을 찾기를 바랍니다. 그리고 원의 넓이를 구하면서 가졌던 두 가지 의문들을 다시금 떠올리기를 바랍니다.

포물선 내부의 넓이를 구하는 과정에서도 약간 의심 가는 게 있습니다. 삼각형들을 겹겹이 쌓았을 때 그 경계 부분은 포물선처럼 곡선이 아닌 직선이라는 것, 그리고 삼각형들의 넓이를 아무리 합해도 그 합은 포물선의 넓이보다 작을 텐데 단지 무한히 많은 삼각형을 만든다고 해서 넓이가 같다고 주장하는 것은 여전히 믿기 어려운 부분입니다.

이제 이 문제를 해결할 때가 되었군요. 그 전에 여러분은 수number

가 무엇이고, 숫자가 무엇인지를 알고 있는 것으로 생각하겠습니다.

우리는 한 변의 길이가 1인 정사각형의 넓이가 1이고, 밑변과 높이가 1인 삼각형의 넓이는 $\frac{1}{2}$이라는 것을 알고 있습니다. 이때 넓이의 값은 항상 숫자로 표현됩니다. 더 정확하게 말하면 '수'입니다. 대표적인 수는 1, 2, 3, 4, …로 시작하는 '자연수'가 있습니다. 이때 1, 2, 3, 4는 자연수를 표현하는 하나의 매개체, 즉 글자로 표현했다 하여 '숫자'라고 합니다.

수는 우리 앞에 어떤 모습으로 나타나고 있을까요? 단지 하나의 형태로만 나타나지는 않습니다.

이름이 '철수'인 친구가 학교에서는 대한 초등학교 6학년 2반 3번으로 통하며, 채팅할 때는 '수학이조아'처럼 아이디를 가지고 있고, 941012-1234567처럼 주민등록번호를 통하여 본인임을 확인받을 때도 있습니다. 이처럼 하나의 존재가 각각 다른 형태로 구현되고 있습니다.

수도 마찬가지입니다. $\frac{1}{2}$ 같은 분수 역시 수 표현의 매개체가 되며 0.1, 0.2처럼 소수도 마찬가지입니다. $\frac{1}{2}$과 0.5는 표현은 다르지만 같은 수입니다. $\frac{1}{2}+\frac{1}{2}$과 1 또한 다른 모양을 한 같은 수입니다. 이때

우리는 $\frac{1}{2}$=0.5, $\frac{1}{2}+\frac{1}{2}$=1이라고 해서 두 수 사이에 등호를 넣어 같은 수임을 나타냅니다. 문제는 매개체가 많다 보니 같은 수를 다른 모양으로 표현하는 경우가 많다는 데 있습니다.

$\frac{1}{2}$이 있습니다. 여기에 $\frac{1}{2}$의 반, 즉 $\frac{1}{2}$을 더합니다. 이 값에 $\frac{1}{4}$의 반인 $\frac{1}{8}$을 더합니다.

$$\frac{1}{2} =$$

$$\frac{1}{2} + \frac{1}{4} =$$

$$\frac{1}{2} + \frac{1}{4} + \frac{1}{8} =$$

좌변은 덧셈으로 연결된 복잡한 식이지만 계산하면 같은 값의 다른 수로 간단하게 표현할 수 있습니다. 위의 값을 소수로도 나타낼 수 있을까요?

이 덧셈을 멈추지 않고 계속한다고 가정해 볼까요? 더하는 값은 마지막에 나오는 분수의 반입니다. 이 경우 좌변의 무수히 많은 덧셈으로 연결된 수를 하나의 수로 나타낼 수 있을까요?

$$\frac{1}{2} + \frac{1}{4} + \frac{1}{8} + \frac{1}{16} + \frac{1}{32} + \cdots = ?$$

여기서 좌변의 맨 끝에 있는 표시 '…'는 국어 책에서 쓰이듯이 말줄임표를 의미하지 않습니다. 앞에서 보여 준 규칙이 끝없이 계속된다는 의미가 함축된, 의미심장한 기호입니다. 그러니까 $\frac{1}{32}$ 다음엔 $\frac{1}{64}$을 더하고, 그 다음엔 $\frac{1}{128}$을 더하고…….

그 값이 얼마인지 궁금한가요? 다음 그림을 이용해서 알아보세요.

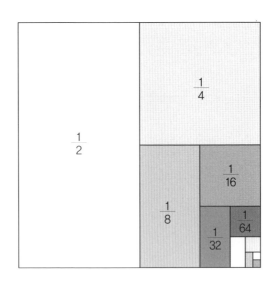

$\dfrac{1}{2} + \dfrac{1}{4} + \dfrac{1}{8} + \dfrac{1}{16} + \dfrac{1}{32} + \cdots$ 은 1과 같은 값입니다. 따라서 답은 '1' 입니다.

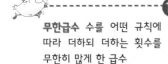

⓫ 무한급수 수를 어떤 규칙에 따라 더하되 더하는 횟수를 무한히 많게 한 급수

사실상 무한 번 더하는 계산 방법은 여러분에게 생소할 수밖에 없습니다. 하지만 이 책에서 그 이유를 밝히기에는 우리에게 주어진 수업이 너무나 짧군요. 이 내용은 무한급수라는 수학의 연구 주제입니다. 일단 이것 하나만 알고 갈 수밖에 없군요.

무한히 수들을 더해 가면 더한 결과값은 무한히 큰 값이 되는 것처럼 보이지만 실제로는 더 이상 커지지 않고 어떤 하나의 수가 되는 경우가 있습니다.

원의 넓이를 구할 때도 무수히 많은 삼각형의 넓이를 더한 것, 즉 무한 번 수를 덧셈하는 것인데도 그 값은 반지름의 제곱에 원주율 π를 곱한 값이 되지 않습니까?

이렇듯 우리의 일반적인 생각이 통하지 않는 경우도 있습니다. 이에 대한 여러분의 궁금증은 〈수학자가 들려주는 수학 이야기〉 시리즈의 《무한급수 이야기》에서 해결할 수 있습니다.

자, 그럼 넓이 구하기를 처음부터 새롭게 시작하겠습니다. 곡선도형의 넓이를 구하는 데 이용했던 내부 채우기를 직선으로 둘러싸인 다각형의 넓이에도 적용해 봅시다. 간단히 직각삼각형부터 해 볼까요? 헉! 여기저기서 한숨과 불평의 목소리가 들리는군요.

"쉽게 공식으로 구하면 되잖아요."

"공식이 있는데 왜 또 어렵게 구해요?"

"아! 또 쉬운 걸 굳이 어렵게 풀려고 하는 거 다 알거든요."

네, 여러분의 마음을 이해합니다. 그런데 말이죠, 삼각형의 넓이 공식은 삼각형일 때에만 사용할 수 있는 공식입니다. 수학자들은 여기서 한 걸음 더 앞으로 나아가 모든 도형의 넓이를 구하는 데 사용할 통일된 방법, 이른바 공식을 만듭니다.

다각형은 삼각형의 넓이 공식으로, 곡선도형은 내부를 잘게 쪼개는 것으로 한 도형의 넓이를 구하는 것보다, 모든 도형의 넓이를 구할 수 있는 공식을 만들면 훨씬 간편하고 통일된 느낌이겠지요. 그런데 만에 하나 원이나 포물선의 넓이를 구할 때 사용한 '잘게 쪼개기' 방법이 삼각형 넓이 구하기에서는 응용이 안 되면 어쩌죠?

걱정하지 마세요. '잘게 쪼개기'에도 공식이 있답니다. 그 공식이 바로 적분 공식입니다. 약간의 계산만으로 넓이를 구할 수 있을 테니 그때까지만 참고 해 보는 겁니다. 물론 그게 언제일지는 모르지만요.

아래의 직각삼각형의 넓이를 구해 봅시다.

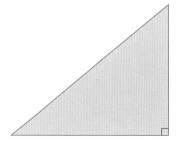

직각삼각형을 채울 도형으로는 넓이를 쉽게 구할 수 있는 직사각형을 선택합니다. 직사각형의 넓이 공식을 기억하고 있겠죠?

리만이 들려주는 적분 1 이야기

네, 직사각형의 넓이 공식은 '가로 길이 곱하기 세로 길이'입니다.

삼각형의 내부를 채우는 과정은 롤러로 페인트칠하는 것을 생각하면 됩니다. 롤러로 페인트칠을 할 때 보통 위에서 아래로 혹은 아래에서 위로 칠합니다. 재미 삼아 마음대로 칠할 수도 있겠지만 직선으로 반듯하게 위아래를 왔다 갔다 하면서 칠하는 것으로 합시다. 그러면 한 번 칠한 부분은 직사각형 모양이 됩니다.

여러분에게는 다양한 크기의 롤러가 있습니다.

여러분 중 두 명이 나와서 같이 페인트칠을 하기로 합시다. 철수와
영희가 지원했네요.

삼각형을 색칠하는 규칙은 다음과 같습니다. 단, 규칙 ④의 경우는
두 사람이 하나씩 선택합니다.

규칙 ① 롤러는 항상 밑변에서부터 굴리고, 한 번 칠해진 부분은 직
  사각형이 된다.

규칙 ② 덧칠은 안 된다. 칠이 되어 있는 곳을 겹쳐 칠할 수 없다.

규칙 ③ 칠하는 횟수는 제한이 없다. 무한히 칠할 수도 있다.

규칙 ④-1 밑변에서부터 칠하되, 롤러를 올리다가 삼각형의 빗변과
  최초로 만나는 지점에서 멈춘다.

규칙 ④-2 밑변에서부터 칠하되, 롤러를 올리다가 삼각형의 빗변을
  지나치기 직전에 멈춘다.

규칙 ④-1을 그림으로 표현하면 다음과 같습니다.

철수

그리고 규칙 ④-2를 그림으로 표현하면 다음과 같습니다.

영희

철수는 규칙 ④-1을 이용해서 페인트칠을 하고, 영희는 규칙 ④-2를 이용하세요. 영희는 철수보다 더 많이 칠하는 것 같다고 뿌루퉁해 있군요. 하지만 영희는 걱정할 것 없답니다. 철수가 칠한 만큼만 칠할 수 있게 해 줄게요.

와우! 벌써 다 칠했네요! 선생님은 여러분이 머릿속에 그린 그림도 들여다볼 수 있답니다.

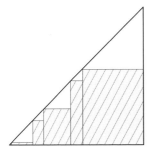
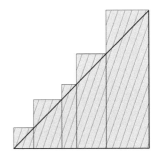

리만이 들려주는 적분 1 이야기

앞의 두 그림 중 철수와 영희가 칠한 것을 각각 구분할 수 있나요?

윈쪽이 철수, 오른쪽이 영희의 작품입니다. 철수의 것은 삼각형 맨 윈쪽 부분을 칠하지 않은 것처럼 보이지만 실은 페인트칠을 하려고 밑변에 롤러를 갖다 댄 순간 빗변에 닿는 바람에 더 이상 그리지 못한 겁니다.

앞의 그림에서 두 사람의 롤러 크기가 제각각인데요, 이제부터는 하나의 롤러만 사용하는 걸로 합시다. 규칙 ⑤를 새롭게 정할까요?

규칙 ⑤ 롤러의 두께는 일정하다.

규칙 ⑤를 이용해서 다시 직각삼각형을 색칠해 볼까요?

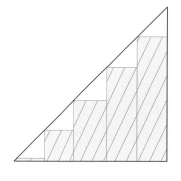 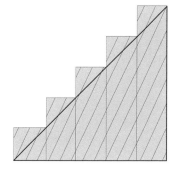

앞의 두 그림을 보면서 어떤 생각이 드나요? 원래 칠해야 할 직각삼각형에 비해 철수는 덜 칠했고, 영희는 더 칠했군요. 정확히 삼각형을 칠하려면 어떤 규칙이 더 필요할까요?

원의 넓이 구할 때를 생각해 보세요. 특히 영희가 칠해야 하는 양을 줄이려면 다음과 같은 규칙이 필요해요. 아니, 우리가 넓이를 구하고 있으니까 규칙이라기보다는 필수 조건이 되겠군요.

규칙 ⑥ 롤러의 두께는 우리가 원하는 만큼 작은 것도 있다.

그럼 두 사람 다 직각삼각형을 롤러로 8번 색칠해 보고, 또 16번 색칠해 보세요.

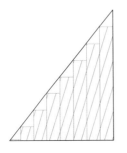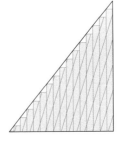

철수가 롤러로 8번 칠했을 때와 16번 칠했을 때

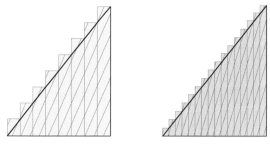

영희가 롤러로 8번 칠했을 때와 16번 칠했을 때

"색칠만 하니까 팔이 너무 아파요!"

와우! 농담까지? 선생님이 힘이 나네요.

그럼, 내가 적분을 재정리하게 된 동기를 들려주지요.

어떤 문제의 답을 얻는 방법은 항상 정공법만 있지는 않습니다. '모로 가도 서울만 가면 된다' 는 속담이 있잖아요? 도형의 넓이를 구하는 것도 마찬가지입니다. 직접 구할 수 없다면 우리가 넓이를 구할 수 있는 도형의 힘을 빌려 보는 건 어떨까요? 그런데 어떤 도형을 쓸까요? 이 질문에 대한 대답은 앞의 실험들과 무관하지 않습니다.

먼저 밑변을 마구 쪼갭니다. 이건 롤러의 두께입니다. 그리고 두 사람이 그린 규칙대로 칠합니다. 이때 철수처럼 칠해서 얻은 도형의 넓이의 합을 하합이라고 했습니다. 원래 도형의 넓이보다 적은 값이라 해서 '아래 하下' 자를 사용합니다. 그런데 하합은 롤러의 두께에 따라 그 값이 변하지요. 그래서 철수가 밑변을 8번 등분한 후 칠하여 얻은 도형의 넓이를 '8회 분할하여 얻은 하합' 이라고 이름을 붙였습니다.

그러면 영희가 칠해서 얻은 도형의 넓이의 합은 무엇이라고 했을까요? 네, 상합이라고 했습니다. 역시 영희가 밑변을 8번 등분한 후 칠하여 얻은 도형의 넓이를 합한 값을 '8회 분할하여 얻은 상합' 이라고 했습니다.

내가 가장 고민했던 부분은 '어떻게 하면 원래 도형의 넓이와 상합, 하합이 같아질 수 있을까?' 였습니다. 그래서 생각해 낸 것이 밑변을

리만이 들려주는 적분 1 이야기

가능한 한 많이 등분하는 것이었습니다.

철수, 영희가 칠하여 얻은 직사각형들의 넓이 합을 차례대로 하합, 상합이라고 했는데요, 여기서 약간 문자식의 도움을 받을까요?

밑변을 n번 등분해서 얻은 하합과 상합을 각각 기호로 L_n, U_n이라고 쓰겠습니다. 그럼 철수가 8번 등분해서 칠해 얻은 직사각형들의 넓이의 합은 기호로 L_8이 됩니다. 그리고 영희가 칠하여 얻은 직사각형들의 넓이의 합은 기호로 U_8이 됩니다.

그런데 상합과 하합 사이에는 다음과 같은 꽤 재미있는 법칙이 있더군요.

① 롤러의 두께가 작을수록 칠한 면, 즉 직사각형의 개수는 많아진다. 이때 영희가 칠한 직사각형들의 넓이 합은 점점 작아지는 반면에 철수가 칠한 직사각형들의 넓이 합은 점점 커진다.
기호로 표현하면 $L_4 < L_8 < L_{16} < \cdots$ 이 되고, $U_4 > U_8 > U_{16} > \cdots$ 이다.

② 영희가 칠한 직사각형의 넓이는 철수가 칠한 직사각형의 넓이보다 항상 크다. 이는 롤러의 두께와 무관하게 항상 성립한다.
즉, n이 자연수일 때 항상 $L_n < U_n$이다.

③ 영희가 칠한 직사각형의 넓이와 철수가 칠한 직사각형의 넓이 사이에 직각삼각형의 넓이 값이 존재한다. 이는 롤러의 두께와 무관하게 항상 성립한다.

즉, n이 자연수일 때 항상 $L_n < S < U_n$이다. 이때 S는 직각삼각형의 넓이이다.

아래의 그림은 우리가 유추한 넓이들의 관계입니다. 그림 사이의 부등호는 빗금 친 부분의 넓이 관계를 나타낸 것입니다. 이를 기호로 나타내면 다음과 같습니다.

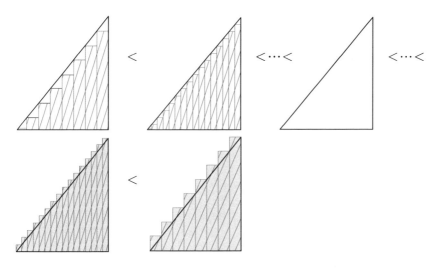

$$L_8 < L_{16} < \cdots < S < \cdots < U_{16} < U_8$$

이를 토대로 n을 무한히 확대했을 때, 하합 L_n과 상합 U_n, 그리고 원래 도형의 넓이 S 사이에 어떤 관계가 있으면 원래 도형의 넓이 S를 구할 수 있을까 생각해 보았습니다. 그래서 다음과 같은 결론을 얻었습니다.

④ 롤러의 두께가 작을수록 영희가 칠한 직사각형의 넓이와 철수가 칠한 직사각형의 넓이의 간격은 점점 줄어들고, 그것들과 직각삼각형의 넓이와의 차 또한 점점 줄어든다. 만약 롤러의 두께가 0과 한없이 가까워졌을 때, 두 사람이 칠한 직사각형들의 넓이의 합이 같아진다면 우리는 직각삼각형의 넓이를 구할 수 있다. 직각삼각형의 넓이는 롤러의 두께가 0과 한없이 가까워졌을 때의 직사각형들의 넓이의 합이다.

즉, n이 한없이 큰 값이 될 때 $L_n=U_n$이 된다면, $S=L_n=U_n$이다.

이렇게 도형의 넓이를 알아낼 수 있는 방법을 찾아냈습니다. 문제는 '마지막 법칙 ④를 어떻게 확인할 수 있을까?'였습니다. 이 법칙을 증명하는 것은 현실에서는 불가능했거든요.

이렇게 정리하고 보니 원의 넓이를 구할 때와 상황이 비슷하네요.

실제로 무한히 작은 롤러는 존재하지 않습니다. 여러분, 선생님과 수업하면서 항상 마지막 실험실은 어디였나요? 맞아요, 바로 여러분의 머릿속입니다. 머릿속 롤러는 여러분의 상상력에 따라 차이는 있겠지만 매우 작은 두께로 존재할 것입니다.

자, 두 사람 모두 롤러의 두께를 무한히 작게 만들고, 칠한 부분의

리만이 들려주는 적분 1 이야기

넓이를 서로 비교해 보세요.

롤러의 두께가 한없이 작아질수록 철수가 덜 칠한 부분의 넓이는 0이 될 것이고, 영희가 더 칠한 부분의 넓이 또한 0이 될 것입니다. 이 경우에 철수와 영희가 칠한 부분의 넓이의 차 또한 거의 0이 됨을 실험해 보세요.

이 경우 철수와 영희가 칠한 부분의 넓이는 서로 같아지고, 두 넓이 사이에 있는 직각삼각형의 넓이 또한 그것들과 같아집니다.

밑변과 높이를 알고 있는 직각삼각형을 이용하여 철수와 영희가 페인트칠한 부분의 넓이를 직접 구해 볼까요? 하지만 아쉽게도 세 번째 수업이 끝나 가네요. 다음 시간에 같이 계산해 봅시다.

▨상합과 하합의 값은?

실제 밑변을 여러 등분한 후 칠한 부분의 합, 즉 상합과 하합을 구하려면 각 직사각형들의 세로 길이가 필요합니다. 세로 길이는 결국 밑변에서 빗변까지 수직으로 올렸을 때 빗변과 만나는 선분의 길이입니다. 이 값은 식을 통해 구할 수 있는 방법이 있습니다.

참고로 다음의 표와 꺾은선그래프는 밑변을 표의 왼쪽에 적은 횟수만큼 등분하였을 때, 상합과 하합의 값을 나타낸 것입니다.

등분 횟수	칠한 넓이		1과의 차	
	철수하합	영희상합	철수	영희
5	0.80	1.20	0.20	0.20
10	0.90	1.10	0.10	0.10
20	0.95	1.05	0.05	0.05
100	0.99	1.01	0.01	0.01

밑변을 5회, 10회, 20회, 100회 등분하여 칠했을 때 철수와 영희가 칠한 부분의 넓이와 그 차

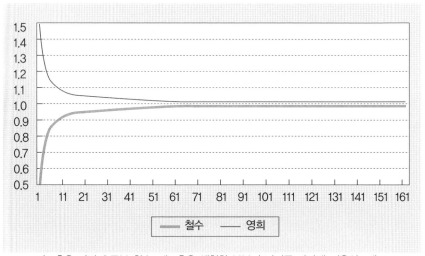

가로축은 밑변의 등분 횟수, 세로축은 색칠한 부분의 넓이를 나타낸 꺾은선그래프

리만이 들려주는 적분 1 이야기

수업 정리

리만의 '도형의 넓이' 구하는 방법

철수의 방법으로 칠한 직사각형들의 넓이 합을 하합, 영희의 방법으로 칠한 직사각형들의 넓이 합을 상합이라고 합니다. 하합은 상합보다 작지만, 밑변을 잘게 등분할수록 하합과 상합의 차는 점점 작아집니다. 만약 밑변의 등분 횟수를 무한히 많이 했을 때, 상합과 하합의 차가 0이 된다면 원래 도형의 넓이는 상합 또는 하합이 됩니다.

적분 기호 $\int_a^b f(x)dx$

적분이 어렵게 여겨지는 이유는 적분이 과거로부터
전해져 오던 각종 기하학적 법칙과 계산 법칙,
그리고 공식들을 집대성한 집합체이기 때문입니다.

1. 직각삼각형의 넓이를 구하는 예를 통해 x축과 그래프 사이의 넓이를 구하는 적분의 원리를 알아봅니다.
2. 적분 기호 $\int_a^b f(x)\,dx$가 갖는 의미를 알아봅니다.

미리 알면 좋아요

1. 좌표평면 점에 고유 좌표값을 매길 수 있도록 한 평면
2. 함수 하나의 값이 변할 때, 그에 따라 다른 값도 변하는 관계
3. 그래프 함수의 모든 값들을 좌표평면에 표시했을 때 만들어지는 직선 혹은 곡선
4. 일차함수 그래프가 직선으로 나타나는 함수로, $y=ax+b$로 나타낸다.

리만의
네 번째 수업

새로운 것을 공부할 때 피해야 할 태도는 거부감입니다. 무엇이든 포용할 수 있는 너그러움이 필요합니다. 그래도 적분의 원리를 이해하는 건 어려운 게 사실입니다. 그래서 이번 수업을 시작하기 전에 선생님이 여러분에게 한 가지 부탁을 하겠습니다. 이제부터는 조금 어려울 수도 있습니다. 지금도 어렵다고 투정 부리는 소리가…….

지금부터는 아직 학교에서 배우지 않은 생소한 기호나 약속이 나오게 됩니다. 약속된 공식이나 기호를 쓰지 않고 수업을 하면 적분의 의미를 파악하는 것이 오히려 더 어려울 수 있습니다. 혹시 나올지 모를 수학 나라의 이상한 친구들을 너무 박대하진 말아 주세요.

적분이 어렵게 여겨지는 궁극적인 이유는 적분이 과거로부터 전해져 오던 각종 기하학적 법칙과 계산 법칙, 그리고 공식들을 집대성한 집합체이기 때문입니다. 컴퓨터도 수많은 부품과 장치가 결합되어야 정상적으로 작동하는 것처럼 적분 또한 수많은 기호와 계산 법칙, 그리고 수학 법칙들이 모여 만들어진 고등 분야이기 때문에 적분과 관련한 어느 것 하나라도 정확하게 알지 못한다면 이해하기 쉽지 않습니다. 그렇다고 너무 기죽지는 마세요. 여러분의 수학 실력은 계속 늘어날 것이고, 부족한 부분은 금세 메워질 테니까요.

이번에는 적분을 다루는 모든 책에 등장하는 수학 기호 $\int_a^b f(x)dx$ 에 대해 공부하겠습니다. 앞의 기호는 '인테그럴integral a에서 b까지 에프엑스$f(x)$ 디엑스dx'라고 순서대로 읽습니다. 기호가 생소하니 당황스럽죠? 하지만 수학 기호는 하늘에서 뚝 떨어진 보물 상자도 아니고 수학자들이 자신들만 알아볼 수 있게 만든 암호도 아닙니다. 단지 나타내고자 하는 바를 함축하여 표현한 것뿐입니다.

기호는 우리에게 어떤 도움을 줄까요? 우리 주변에는 기호가 넘쳐 나고 있습니다. 지하철을 탈 때 무심코 보는 지하철 노선도 역시 기호입니다. 우리는 노선도에 그려진 그대로 철로가 있는 게 아니라는 걸 알고 있습니다. 하지만 간단하게 표현했다고 해서 노선을 몰라보지 않습니다. 오히려 간단해서 눈에 더 잘 들어오지요.

부모님과 차를 타고 여행을 갈 때, 아니면 버스를 타고 약속 장소로 이동할 때, 도로 위에는 수많은 교통 표지판이 있습니다. 오른쪽 교통 표지판이 무 엇을 말하고 있는지 알 수 있겠죠?

이 표지판은 '좌회전 금지' 기호입니다. 말로 장황하게 써 놓지 않아도 확연하게 그 내용을 알 수 있습니다.

수학 기호도 마찬가지입니다. 우리가 장황하게 설명하는 어떤 값을 한눈에 알 수 있도록 간략하게 만든 것입니다. 따라서 기호를 이해하면 그 본질을 쉽게 파악할 수 있습니다. 문제는 기호를 만든 수학자들이 모두 서양인들이라 기호 또한 영어에 기반하여 만들어졌다는 것이고, 따라서 동양인들이 해독하기 힘든 부분이 있지만, 약간의 영어 실력만 있다면 기호 해독의 반은 성공한 셈입니다. '시작이 반'이라고 하잖아요?

$\int_a^b f(x)dx$ 기호는 독일의 수학자 라이프니츠가 창안했습니다. 뉴턴과 라이프니츠는 미분, 적분을 동시에 발견한 수학자들입니다. 물론 누가 먼저 발견했는지 따지고 싸우는 바람에 물과 기름처럼 서로 쳐다보지도 않는 사이가 되고 말았지만 처음 둘의 만남은 매우 화기애애했다고 전해집니다. 어쨌든 누가 먼저 발견했는지에 대한 우선권 논쟁의 결과는 뉴턴의 승리로 일단락되었습니다. 하지만 후대 수학자들은 뉴턴의 미적분 기호보다는 라이프니츠의 기호를 더 선호했습니다. 결국 서로 비긴 걸로 봐도 무방하겠죠?

리만이 들려주는 적분 1 이야기

첫 수업 시간에 적분을 '무수히 많은 조각을 더하는 행위'라고 정의했던 걸 기억하나요? 여기서 무수히 많은 조각은 넓이를 계산할 수 있는 도형삼각형이나 사각형이고, 적분의 목적은 원래 도형의 넓이를 구하는 것이라고 했습니다.

자, 더하기는 영어로 뭐죠?

그래요, 'sum'입니다. 위에 나온 적분 기호 어딘가에 sum이 있겠군요. 찾았나요?

네, 맨 왼쪽에 있습니다. 왠지 기호 $\int$이 sum의 머리글자 'S'를 위아래로 쭈욱 잡아당긴 것 같지 않나요? 이 기호는 인테그럴integral이라고 읽습니다.

그럼 $f(x)dx$는 무슨 뜻을 담고 있는 기호일까요? 이 기호는 단지 6개의 문자나 기호로 모니터에 나타낼 수 있지만 그 속에 담겨 있는 내용은 약간의 수학 지식을 필요로 합니다. 바로 문자식, 좌표평면과 함수, 그리고 그래프입니다.

먼저 함수에 대해 얘기해 볼까요?

아마 처음 듣는 학생도 있을 것입니다. 함수는 특히 미분과 적분을 공부하기 위해 가장 기본이 되는 수학 용어로 하나의 값이 변할 때

그에 따라 다른 값도 변하는 관계를 말합니다. 쉬운 예로는 정사각형에서 한 변의 길이가 변하면 그 넓이도 변하는데, 이때 한 변의 길이와 정사각형의 넓이는 서로 함수 관계에 있다고 합니다.

함수는 보통 x, y라는 문자로 나타내는데요, x값의 변화에 반응하여 y값도 따라 변하고, 그 y값이 꼭 하나일 때 'y는 x의 함수'라고 합니다.

함수는 영어로 'function'입니다. 영어의 이니셜을 사용해서 라이프니츠는 'y는 x의 함수'를 간단히 '$y=f(x)$'라고 나타냈습니다. 라이프니츠는 영어권정확히는 독일어권 수학자입니다. 라이프니츠가 사용한 말은 우리말과 말의 순서가 다릅니다. 'x의 함수'를 어떻게 영작할까요? 네, 'function of x'입니다. 그래서 '$f(x)$'가 된 것입니다.

$f(x)$는 x라는 문자로 구성된 문자식입니다. 그렇기 때문에 f가 마음에 안 들면 g나 h로 써도 문제는 없습니다. 단지 그 의미는 꼭 알고 쓰면 좋겠습니다.

위의 함수 문자식에서 정사각형의 한 변의 길이를 x, 정사각형의 넓이를 y라고 한다면 x가 1일 때, y 역시 1이 되고, x가 2이면 이에 대한 y값은 $2 \times 2 = 4$가 됩니다. 그럼 y를 x에 대한 식으로 쓴다면 어떻게 될까요? 정사각형의 넓이는 일반적으로 한 변의 길이를 제곱해 구하므로 y는 x를 2번 곱한 값이라 하면 되겠군요. 이렇게요.

$$y = x \times x = x^2$$

우변에 있는 첨자 2는 밑에 있는 값, x를 2번 곱하라는 수학 기호, 즉 '제곱'입니다.

이때 x값에 들어갈 수 있는 수의 범위는 양수입니다. 양수이면 어떤 값이든 x값을 대신할 수 있으며, 이에 따라 넓이 y도 자동으로 계산됩니다.

이처럼 $y=x^2$이라는 x에 대한 식으로 주어진 함수를 표현할 수 있습니다. 이것은 $f(x)=x^2$으로도 표현할 수 있습니다. f란 두 수 x와 y 사이에 정해진 규칙, 즉 함수를 나타내는 기호입니다. 또 $f(x)$란 x라는 수가 f라고 이름 지어진 규칙에 따라 변화되는 수를 말합니다.

예를 들어 $f(1)$이란 1과 함수 규칙에 의해 관계를 맺은 수를 말합니다. 우리말로는 1의 함숫값이라고 합니다.

일반적으로 함수를 $y=f(x)$라고도 합니다. 이때 $f(x)$는 문자식이 되는데, 이때 사용된 문자는 x입니다.

$f(x)=x$, $f(x)=x^2$, $f(x)=x+1$ 등은 모두 함수를 나타내는 x에 대한 식입니다.

그럼 좌표평면이란 무엇일까요?

1600년경 프랑스의 한 수학자가 수학사에 큰 획을 긋는 기막힌 것을 발명합니다. 발명가의 이름은 '데카르트', 발명품은 '좌표' 또는 '좌표평면'입니다. 좌표란 어떤 물체가 가지는 고유의 위치를 수치로 표현한 것입니다. 우리 주변에서 찾아볼 수 있는 가장 대표적인 좌표는 경·위도입니다. 독도의 좌표는 다 알고 있지요? 동경 $132°$, 북위 $37°$는 독도의 고유 좌표입니다. 이 값은 적도와 영국의 그리니치천

문대가 지나는 지구 위의 원이 원을 자오선이라고 합니다이 만나는 점을
원점으로 했을 때의 값입니다. 아마 독도를 지나는 자오선과 적도가
만나는 점을 원점으로 한다면 독도의 좌표는 동경 $0°$, 북위 $37°$가 되

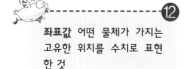

좌표값 어떤 물체가 가지는 고유한 위치를 수치로 표현 한 것

었겠죠? 이처럼 기준점, 즉 원점을 어디로 하느냐에 따라 같은 지점의 좌표값[*]은 달라집니다.

수직선 위에 수를 나타내는 경향은 꽤 오래전부터 있어 왔습니다. 아래와 같이 직선 위 임의의 점을 원점, 즉 0인 점으로 하고 오른쪽에 있는 어떤 점을 1인 점으로 택합니다. 여기서 어떤 점이라고 한 것을 이상하게 생각하지 마세요. 0과 1 사이의 거리를 단위길이, 즉 길이를 재는 기준으로 사용하겠다는 약속일 뿐입니다. 그러면 모든 수가 수직선 위에서 자기 고유의 자리를 갖게 됩니다. 아래의 수직선을 참고하세요.

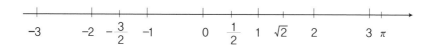

그런데 $\sqrt{2}$와 π가 무엇인지 잘 모르겠다고요? π는 전 수업 시간에 나왔던 원주율 3.141592…입니다. $\sqrt{2}$는 중학교 3학년 과정에서 나오는 수학 기호인데 제곱해서 2가 되는 양수이고, 1.4142…인 무한소수입니다. 그래도 알쏭달쏭하다면 수 이야기는 일단 나중으로 미루고 계속 설명하겠습니다.

좌표평면[13]은 2개의 수직선으로 이루어집니다. 2
개의 수직선이 수직으로 만나는데 이때 만나는 점,
즉 교점은 두 수직선의 원점이 됩니다. 두 수직선이 원점을 기준으로
수직으로 결합했다고 보면 됩니다. 이렇게 결합된 점을 '원점'이라고
부르고 통상 O라는 기호를 붙입니다. 아마 'Origin'에서 나온 기호라
서 그럴 것입니다.

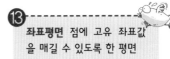

⓭ 좌표평면 점에 고유 좌표값을 매길 수 있도록 한 평면

그리고 일반적으로 수평인 수직선을 x축, 수직인 수직선을 y축이라는
용어로 부릅니다. 물론 x, y는 편의상 명명한 축의 이름입니다. 마음에 안
들면 t, u로도 쓸 수 있겠지만 관습을 깨는 건 그리 쉬운 일이 아닙니다.

어쨌든 우리는 평면 위에 있는 모든 점에 위도, 경도처럼 고유의 좌
표값을 매길 수 있습니다. 아래는 평면 위의 한 점 P의 좌표값을 부여
하는 방법입니다.

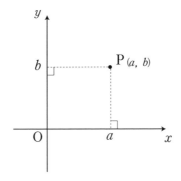

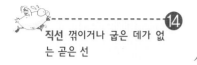
먼저 점 P를 지나고 y축에 평행한 직선[0]을 그어
서, x축과 만나는 점을 찾습니다. 여기서는 a입니
다. 그다음 점 P를 지나고 x축에 평행한 직선을 그은 후, y축과 만나
는 점을 찾습니다. 여기서는 b이군요. 이때 점 P의 좌표값은 $(a,\ b)$
가 되어 P$(a,\ b)$로 나타냅니다.

좌표평면의 위대함은 단순히 좌표값 붙이기에서 끝나지 않습니다.
우리가 수학 책에서 접한 수많은 직선, 곡선, 도형을 좌표평면에 구현
할 수 있게 되면서 기하학의 법칙은 방정식을 이용한 계산으로 증명할
수 있게 됩니다. 과거에는 도형을 연구하는 학문인 기하학과 방정식을
연구하는 대수학이 별개의 학문이었지만 좌표평면에서 만난 두 학문
이 서로의 부족한 부분을 채워 주고 강력한 문제 해결책을 만들어 시
너지 효과를 누리게 됩니다. 특히 도형의 넓이를 구하는 기하학적 방
법들이 좌표평면에서는 방정식의 해를 구하는 대수학적 방법으로 전
환되었습니다. 이는 과거에 정리되지 않아 혼란스러웠던 넓이 구하기
를 방정식이라는 하나의 통일된 패턴으로 정리할 수 있다는 가능성을
열어 주었습니다. 그 매개체가 바로 함수의 그래프입니다.

앞에서 정사각형의 한 변의 길이를 x, 정사각형의 넓이를 y라고 했

을 때, 두 변수 x와 y 사이에 함수 관계가 만들어지고 함수식으로 표현하면 $y=x^2$이 된다고 했습니다.

이때 $y=x^2$이라는 문자식이 성립하도록 하는 x, y값은 무수히 많습니다. x값이 1, 2, 3, 4로 변하면 y값 또한 1, 4, 9, 16으로 변하는데요, 이렇게 함수식이 성립하는 점을 좌표값으로 하는 점들은 (1, 1), (2, 4), (3, 9) 등이 있습니다. 이 모든 점을 좌표평면에 표시했을 때 만들어지는 도형을 '함수의 그래프'라고 합니다. 함수 $y=x^2$의 그래프를 그려 보면 아래와 같습니다. x값이 한 변의 길이가 되므로 x값

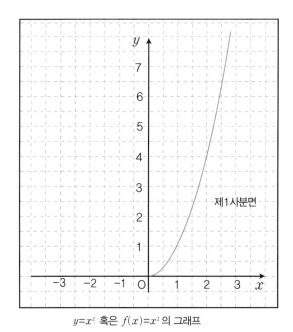

제1사분면

$y=x^2$ 혹은 $f(x)=x^2$의 그래프

은 양수인 부분, 즉 제1사분면에만 그래프가 그려집니다.

앞의 곡선 그래프는 포물선입니다. 포물선이라는 도형을 문자식으로 표현한 후 좌표평면에 그릴 수 있게 된 것이 좌표평면이 가진 가장 큰 매력입니다.

함수식을 그래프로 그려 보면, 그래프 위의 어떤 점도 동일한 x값을 갖고 있지 않습니다. 반대로 좌표평면 위에 그려진 곡선이 지나는 그 어떤 두 점도 동일한 x값을 갖지 않는다면 곡선은 어떤 함수의 그래프가 됩니다. 대표적인 예로 y축과 평행하지 않는 모든 직선은 함수식으로 표현할 수 있습니다. 아래 그림처럼 직선으로 나타난 직선의 함수식은 $y = \frac{1}{2} \times x + 1$ 혹은 $f(x) = \frac{1}{2} \times x + 1$입니다. 그런데 수학자들은 곱셈 기호 쓰기를 무척 싫어한 게으름뱅이였나 봅니다. 보통은 위의 두 식에서 곱셈 기호를 생략해서 씁니다.

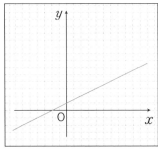

함수식이 존재하는 직선

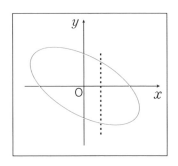

함수식이 존재하지 않는 곡선

리만이 들려주는 적분 1 이야기

$$y = \frac{1}{2}x+1, \text{ 혹은 } f(x) = \frac{1}{2}x+1$$

이처럼 문자식에서 문자와 문자가 바로 붙어 있다든지, 숫자와 문자가 붙어 있는 경우에는 그 사이에 곱셈 기호가 생략됐다고 보면 됩니다.

그리고 왼쪽 그림에 있는 타원처럼 생긴 도형은 함수의 그래프가 아닙니다. y축과 평행하게 직선을 그었을 때 도형과 만나는 점의 개수가 2개 이상이면 그 도형혹은 곡선은 함수의 그래프가 아닙니다.

좌표평면에 대한 자세한 설명을 원한다면 〈수학자가 들려주는 수학 이야기〉 시리즈 《좌표 이야기》를 읽어 보세요. 좌표평면의 위대함을 찬양하는 데 너무 열을 올린 나머지 수업이 잠시 곁길로 샜네요.

이번 수업 시간에는 오직 그래프가 직선인 경우에 한해서만 다룰 것입니다. 앞의 왼쪽 그림 같은 직선은 함수의 그래프가 됩니다. 그러면 어떤 함수의 그래프일까요? 이 내용은 이 책에서 다루지 않지만, 그 결과는 다음과 같습니다.

① 원점을 지나는 직선이 원점이 아닌 어떤 점 (a, b)를 지날 때, 이 직선을 그래프로 하는 함수는 $y = \frac{b}{a}x$이다. 이때 a, b는 조건에 부합하는 수이다. 물론 x좌표인 a는 0이 아니어야 한다.

② 어떤 직선이 y축과 $(0, n)$이라는 점에서 만나고 다른 어떤 점 (a, b)를 지날 때, 이 직선을 그래프로 하는 함수는 $y = mx + n$이다. 이때, $m = \dfrac{b-n}{a}$ (단, $a \neq 0$)이다.

예를 들어 y축과 $(0, 1)$에서 만나고, $(2, 3)$을 지나는 직선을 그래프로 갖는 함수는 $y = \dfrac{3-1}{2}x + 1 = x + 1$입니다.

또한 y축과 $(0, 1)$에서 만나고 $(1, -1)$을 지나는 직선을 그래프로 갖는 함수는 $y = \dfrac{-1-1}{1}x + 1 = -2x + 1$입니다.

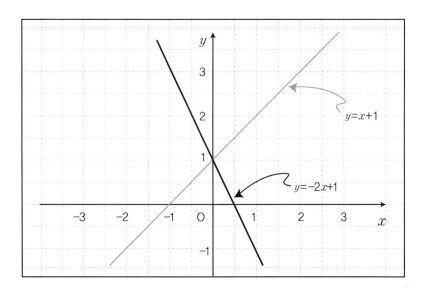

리만이 들려주는 적분 1 이야기

그럼 다시 넓이를 구하는 문제로 돌아가 볼까요? 적분은 좌표평면을 이용하여 나타냅니다. 전 수업 시간에 직각삼각형의 넓이를 페인트칠한 넓이로 비유했습니다. 우리가 원하는 것은 페인트의 색이 아니라 칠한 부분, 즉 쪼갠 도형과 그것들을 합한 넓이입니다. 앞서 살펴듯이 칠한 부분은 직사각형이 됩니다. 그리고 이 직사각형들의 넓이를 모두 합한 값을 그 칠한 규칙에 따라 상합, 하합이라고 이름 붙였습니다.

하지만 마지막 작업은 직사각형들의 가로 길이를 한없이 작게 만들어서 얻어진 직사각형들의 넓이 합을 구하는 건데요, 이제 그 방법을 설명하겠습니다. 참고로 앞으로의 수업은 앞에서 제시한 4가지 선행 학습 내용인 문자식, 함수, 그래프, 좌표평면을 모르면 내용을 이해하기 어려울 수도 있습니다.

밑변의 길이가 1이고 높이가 2인 직각삼각형을 좌표평면에 그려봅시다. 이때 다음 그림처럼 꼭짓점 A를 좌표평면의 원점에, 직각을 낀 꼭짓점을 x축 위에 올려놓겠습니다. 그러면 꼭짓점 A의 좌표값은 (0, 0), 꼭짓점 B의 좌표값은 (1, 0), 꼭짓점 C의 좌표값은 (1, 2)가 됩니다.

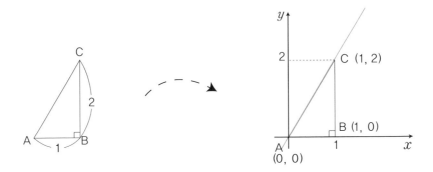

그럼 직각삼각형의 빗변을 그래프로 하는 함수식은 무엇일까요?

빗변을 직선으로 연장해서 그릴 경우 직선 위의 모든 점은 (0, 0), (1, 2), (2, 4)처럼 y좌표값은 x좌표값에 2를 곱한 값과 같습니다. 이런 경우 x와 y 사이에 어떤 식이 성립할까요? 여러분이라면 아마 $y = 2x$를 연상할 수 있을 것입니다. 네, 맞습니다. 빗변 AC의 연장선을 그래프로 하는 함수는 $y = 2x$ 혹은 $f(x) = 2x$입니다. 물론 앞에서 다뤘던 공식으로 함수를 유도해도 됩니다.

우리가 구하려는 도형의 넓이는 함수 $y = 2x$의 그래프와 x축, 점 B를 지나고 x축에 수직으로 놓여 있는 직선까지 총 3개의 직선들로 만들어지는 영역의 넓이입니다. 맞지요?

세 번째 수업 시간에 직각삼각형의 넓이를 구했던 것을 기억하나요?

롤러의 두께가 무한히 작아질수록 두 사람이 칠한 부분의 넓이의 차가 0에 매우 근접한 수가 되고, 그 넓이는 직각삼각형의 넓이와 거의 같게 된다는 것 말입니다. 그리고 하합, 상합도 다시 한번 보고 오세요.

편의상 그리기가 더 쉬운 철수의 삼각형을 새롭게 좌표평면에 나타내 보겠습니다. 삼각형의 밑변을 4등분했을 때, 즉 두께가 $\frac{1}{4}$ =0.25인 롤러를 이용하여 칠한 결과물은 다음과 같습니다.

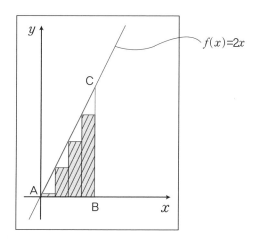

우선 한 개의 직사각형의 넓이부터 구해 봅시다. 다음의 그림은 어떤 두께의 롤러로 페인트칠을 한 번 한 결과 만들어진 영역, 즉 직사각형입니다.

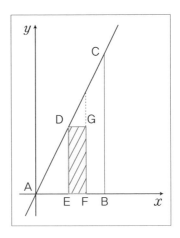

    이때 직사각형 DEFG의 세로의 길이 $\overline{\text{DE}}$는 어떻게 표현할까요? 삼각형의 비례를 이용하지 말고 함수 $f(x)=2x$를 이용해서 표현해 봅시다. 선분 EF 위에 있는 점들의 x값은 모두 자신만의 함숫값 $f(x)$를 갖게 된다는 것을 기억하세요.

    여기서 선분 DE의 길이는 점 D의 y좌표입니다. 좌표평면 위의 한 점에 좌표를 매기는 방법을 다시 한번 떠올려 보세요.

    그런데 점 D는 함수 $f(x)=2x$의 그래프상의 점입니다. 그래프상의 점은 어떤 규칙으로 좌표값이 매겨지던가요? x좌표값의 두 배를 y좌표에 쓴 것입니다. 그러면 점 D의 x좌표는 무엇일까요? 네, x축에 수직으로 그은 직선과 만나는 x축 위의 점, 즉 점 E의 x좌표가 될 것입

리만이 들려주는 적분 1 이야기

니다. 그러므로 직사각형의 세로의 길이는 f(E의 x좌표)입니다.

그러면 가로 길이 $\overline{EF}$는 무엇일까요? 바로 두 점 E와 F의 'x좌표값의 차' 입니다. 영작하면 'difference of x'인데 여기서는 머리글자만 따서 'dx'라는 기호로 쓰겠습니다.

우리는 앞 시간에 직사각형을 만드는 조건으로 조각 직사각형의 가로의 길이를 모두 같게 했습니다. 따라서 모든 직사각형들의 가로의 길이는 dx로 표현할 수 있습니다. 사실 dx가 가지는 본질적인 의미는 더 심오하지만 그건 다음 수업 시간에 알아보기로 하겠습니다.

삼각형의 넓이 공식은 밑변×높이×$\frac{1}{2}$입니다. 하지만 여기서는 적분의 원리를 응용하여 삼각형의 넓이를 구해 봅시다.

우리가 나설 차례인가?

자, 이제 직사각형의 가로와 세로 길이를 모두 구했습니다. 결국 직사각형 DEFG의 넓이는 $f(\text{E의 }x\text{좌표})\times dx$가 됩니다.

다시, 아래 그려진 직사각형들의 넓이의 합을 구하겠습니다. 계산을 위해 꼭짓점과 직사각형을 다음과 같이 이름 붙였습니다.

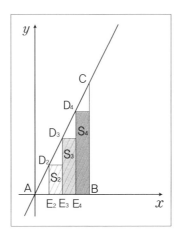

규칙 ① 4개의 직사각형을 왼쪽부터 차례로 S_1, S_2, S_3, S_4로 두었습니다. 그림에서 S_1은 나타나지 않습니다. 세로의 길이가 0이기 때문인데요, 칠하려는 순간 벌써 빗변과 만났기 때문에 칠할 수 없었던 것입니다.

리만이 들려주는 적분 1 이야기

규칙 ② 함수의 그래프여기서는 빗변 AC입니다와 직사각형이 만나는 점을 왼쪽부터 차례로 D_1, D_2, D_3, D_4라고 두었습니다. 그림에서 D_1이 없는 이유는 가장 작은 직사각형이 나타나지 않아서입니다. 따라서 $A=D_1$이 됩니다.

규칙 ③ x축과 직사각형이 만나는 점을 왼쪽부터 차례로 E_1, E_2, E_3, E_4라고 두었습니다. 그림에서 E_1이 없는 이유는 가장 작은 직사각형이 나타나지 않아서입니다. 역시 $A=E_1$이 됩니다.

규칙 ④ E_1의 x좌표를 x_1, E_2의 x좌표를 x_2라고 하겠습니다. 아래쪽에 덧붙인 첨자로 기호를 구분하여 E_3의 x좌표는 x_3, E_4의 x좌표는 x_4입니다.

이들 직사각형들의 넓이를 모두 더해 봅시다. 식이 길어지지만 계속 비슷한 형태가 반복되니까 이해하는 데 어려움은 없습니다. 편의상 왼쪽 직사각형의 넓이부터 차례로 적었습니다.

직사각형들의 넓이의 합
$$=f(E_1\text{의 } x\text{좌표}) \times dx + f(E_2\text{의 } x\text{좌표}) \times dx + f(E_3\text{의 } x\text{좌표}) \times dx + f(E_4\text{의 } x\text{좌표}) \times dx$$

그런데 계속 비슷한 형태가 반복되고 있습니다. 반복되는 문장 '□의 x좌표'를 간단하게 쓰려고 기호를 도입해 보겠습니다. 위의 규칙 ④를 이용해서 간단히 나타내 볼까요? 점점 기호가 많아지는데요, 정상이 얼마 남지 않았으니 조금만 힘을…….

사실상 기호의 생명은 단순함과 효율성입니다. 본연의 모습과는 점점 멀어지지만 대신에 효율성과 단순함을 얻습니다.

결국, 직사각형들의 넓이의 합은 '$f(x_{\square}) \times dx$'들의 합이네요.

직사각형들의 넓이의 합
$$= f(x_1) \times dx + f(x_2) \times dx + f(x_3) \times dx + f(x_4) \times dx$$

자, 계산은 여기서 멈추겠습니다. 실제 우리는 $x_{\square}$의 값과 dx의 값을 모두 구할 수 있습니다. 하지만 직접 구하지는 않겠습니다. 직접 값을 구하지 않았지만 직사각형들의 넓이의 합이 어떤 모양으로 도출되는지를 알았기 때문에 바로 응용할 수 있습니다.

만약, 삼각형의 가로를 100등분하면 100개의 직사각형들의 넓이의 합은 다음과 같습니다.

리만이 들려주는 적분 1 이야기

$$f(x_1) \times dx + f(x_2) \times dx + f(x_3) \times dx + \cdots + f(x_{100}) \times dx$$

여기서 $x_\square$의 규칙은 위에서 했던 것과 동일합니다.

역시 직사각형들의 넓이의 합은 $f(x_\square) \times dx$들의 합입니다. 하지만 그 합은 4등분했을 때보다 직각삼각형의 넓이에 훨씬 더 가까워집니다. 이는 굳이 계산하지 않아도 이전 수업 시간에 확인했습니다.

그런데 직사각형들의 넓이의 합으로 직각삼각형의 넓이를 구하기 위해서는 반드시 가로의 길이를 한없이 작게 만들어야 합니다. 즉, dx의 값을 한없이 작게 만들어야 합니다. 반대로 직사각형의 개수는 한없이 많아져서 셀 수도 없을 것입니다.

하지만 우리는 직사각형들의 넓이의 합을 다음과 같이 적을 수 있습니다.

$$f(x_1) \times dx + f(x_2) \times dx + f(x_3) \times dx + \cdots + f(x_{100}) \times dx + \cdots + f(x_{1000}) \times dx + \cdots$$

어쨌든 직사각형들의 넓이의 합은 $f(x_\square) \times dx$들의 무한합입니다. 단지 더하는 것의 개수가 많을 뿐이지요.

수학자들은 이렇게 생각합니다.

직각삼각형의 넓이

= 직각삼각형의 가로의 길이를 0에 가깝도록 작게 만든 직사각형

   들의 넓이의 합

$= f(x_1) \times dx + f(x_2) \times dx + \cdots + f(x_{100}) \times dx + \cdots + f(x_{1000}) \times dx + \cdots$

$= f(x_\square) \times dx$들의 무한합

이때 $x_\square$의 값은 0에서 1 사이의 간격을 무수히 많이 등분한 점들의 x좌표

수학자들은 $f(x_\square) \times dx$들의 무한합에 의미를 부여해 다음과 같이 직각삼각형의 넓이를 나타내는 기호를 만듭니다.

① $f(x_\square) \times dx$는 아래쪽 첨자와 곱셈 기호를 없애고 $f(x)dx$로 나타내자.

② 합은 영어로 Sum이므로 머리글자 'S'를 연상케 하는 기호를 쓰자. 그런데 무수히 많은 수를 합하는 것이므로 위아래로 늘인 기호 $\int$로 Sum을 나타내자.

③ $x_\square$가 존재하는 간격을 기호 $\int$의 위아래쪽 첨자로 나타내자. 간격이 시작되는 점을 아래쪽 첨자로, 끝나는 점을 위쪽 첨자로 쓰자.

직각삼각형에서 함수 $f(x)=2x$입니다. 그리고 x값들의 간격은 0에서 1 사이입니다.

드디어 기호가 만들어졌습니다. 이름 하여 '적분 기호'입니다. 밑변 1, 높이 2인 직각삼각형의 넓이를 적분 기호로 나타내면 다음과 같습니다.

$$\int_0^1 (2x)dx$$

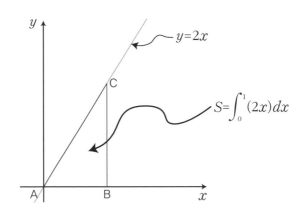

따라서 $\int_0^1 (2x)dx$=1입니다. 직각삼각형의 넓이는 1이니까요. 이처럼 적분값은 수로 나타낼 수 있습니다. 하지만 적분값을 우리가 이미 넓이를 알고 있는 것만 구할 수 있는 건 아닙니다. 언젠가 적분값을 구하는 공식이 있다고 잠시 언급했는데, 그 공식에 의해서도 1이라는 답을 얻을 수 있습니다. 하지만 그 공식을 적용해 답을 구하려면 이 수업만큼이나 긴 시간이 필요합니다. 그래도 앞으로 남은 수업을 원활하게 하기 위해 약간의 설명을 하겠습니다.

직선을 그래프로 갖는 함수를 식으로 나타내면 $y=\square x+\triangle$의 꼴입니다. 이때 $\triangle$와 $\square$는 조건에 맞는 적당한 수가 들어가는 자리입니다.

다음은 $f(x)=\square x+\triangle$일 때, 그리고 x값이 a에서 b까지로 주어질 때의 적분값입니다.

$$\int_a^b (\square x+\triangle)dx=\frac{1}{2}\times\square\times(b^2-a^2)+\triangle(b-a)$$

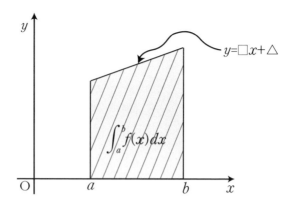

예를 들어, $\displaystyle\int_1^3 (2x+1)dx = \frac{1}{2} \times 2 \times (3^2-1^2) + 1 \times (3-1) = 8+2 = 10$ 입니다. 이것은 아래 그림에서 빗금 친 부분의 넓이입니다. 사다리꼴

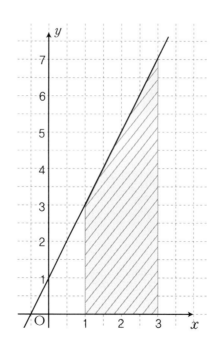

리만이 들려주는 적분 1 이야기

의 넓이 공식으로도 10을 얻습니다. 한번 해 보세요.

네 번째 긴 수업 시간이 끝나 가네요. 다시 한번 정리하겠습니다. $\int_a^b f(x)dx$란, 아래의 그림에서 4개의 직선 혹은 곡선이 만들어 내는 영역의 넓이입니다. 이들은 하늘에서 갑자기 떨어진 생소한 것이 아니라 적분 기호 속에서 도출되어 확실히 현실에 존재하는 것들입니다. 적분 기호 속의 기호가 의미하는 곡선혹은 직선들은 다음과 같습니다.

① $f(x) \Rightarrow y=f(x)$의 그래프

② dx의 $x \Rightarrow x$축

③ $a \Rightarrow x$축 위의 점 $(a, 0)$을 지나고 x축에 수직인 직선

④ $b \Rightarrow x$축 위의 점 $(b, 0)$을 지나고 x축에 수직인 직선

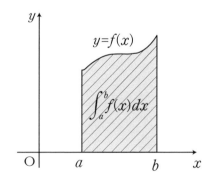

또한 다음처럼 생긴 도형의 넓이도 적분 기호로 표현할 수 있습니다.

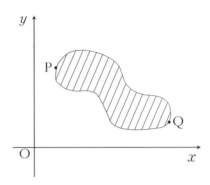

위의 도형에서 가장 작은 x좌표를 갖는 점을 P라고 하고, 가장 큰 x좌표를 갖는 점을 Q라고 합시다. 그리고 점 P, Q에서 x축에 수선을 긋습니다. 이때 두 수선이 만나는 점을 각각 a, b라고 합시다. 그다음 점 P, Q의 위쪽에 위치한 곡선을 $y=f(x)$라는 함수식으로 표현하고, 아래쪽에 위치한 곡선을 $y=g(x)$라고 한다면, 위에 주어진 도형을 아래처럼 정리할 수 있습니다.

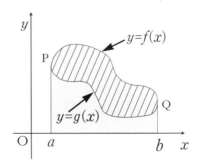

리만이 들려주는 적분 1 이야기

빗금 친 도형의 넓이는 어떻게 구할까요? 위의 곡선으로 둘러싸인 도형의 넓이에서 아래의 곡선으로 둘러싸인 도형의 넓이를 **빼면** 되지 않을까요? 이제 도형의 넓이를 구할 수 있는 일반화된 시도가 완성되었습니다.

$$빗금\ 친\ 도형의\ 넓이 = \int_a^b f(x)dx - \int_a^b g(x)dx$$

네번째
수업 정리

$\int_a^b f(x)dx$란, 아래의 그림에서 4개의 직선 혹은 곡선이 만들어 내는 영역의 넓이입니다. 이들은 하늘에서 갑자기 떨어진 생소한 것이 아니라 적분 기호 속에서 도출되어 확실히 현실에 존재하는 것들입니다. 적분 기호 속의 기호가 의미하는 곡선혹은 직선들은 다음과 같습니다.

① $f(x) \Rightarrow y=f(x)$의 그래프

② dx의 $x \Rightarrow x$축

③ $a \Rightarrow x$축 위의 점 $(a, 0)$을 지나고 x축에 수직인 직선

④ $b \Rightarrow x$축 위의 점 $(b, 0)$을 지나고 x축에 수직인 직선

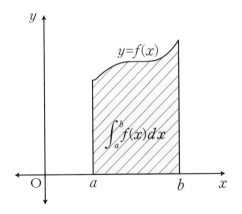

dx의 딜레마
−더하는 것은 선분인가 직사각형인가?

타일 모양을 보고 무엇을 알아낸 것일까요?
도대체 무엇을 알아냈기에 창피함도 무릅쓰고
남의 담장에 기대어 눈물을 흘리며 큰 소리를 지르고
사흘 밤낮 동안 큰 잔치를 벌인 걸까요?

최초 적분의 아이디어에서 등장하는 여러 문제점과 수학자들의 고민들을 소개하고 이를 극복하는 과정을 살펴봅니다.

미리 알면 좋아요

1. 타원 두 점에 이르는 거리의 합이 일정한 점들을 이은 도형을 말합니다.

2. 닮음 모양을 바꾸지 않고 확대 또는 축소한 도형 사이의 관계를 말합니다. 일반적으로 어떤 도형을 일정 비율로 확대 또는 축소한 도형을 서로 닮음 이라고 합니다. 이때 확대 또는 축소하는 데 사용한 일정 비율을 '닮음비' 라고 합니다.

3. 닮음의 응용 두 닮은 도형의 닮음비가 $a{:}b$이면 두 도형의 넓이의 비는 $a^2{:}b^2$입니다.

4. 중점 연결 정리 삼각형의 두 변의 중점을 연결한 선분은 나머지 변과 평행하고, 그 길이는 나머지 변의 길이의 $\frac{1}{2}$ 입니다.

리만의
다섯 번째 수업

두 번째 수업 시간에 원의 넓이를 구하는 과정에서 품었던 의문이 있었지요? 그중 '둘째' 의문을 다시 살펴보겠습니다.

둘째, 무한히 많은 꼭짓점을 가진 정다각형을 조각내서 만든 평행사변형이 직사각형으로 변신하려면 삼각형이 더 이상 세 각을 가지는 도형이라는 삼각형의 본질을 잃어버리는 결과가 되고 만다. 그러면 한 각의 크기가 $0°$가 되어야 하는데, 이 경우 삼각형이 아니라 선분이라고 봐야 하기 때문이다. 선분의 넓이는 0이라고 배웠는데 어떻게 0인 넓이를 갖는 선분을 더해 넓이가 있는 직사각형이 되는지 의문이다. 0을 아무리 무한 번 더해도 그 값은 역시 0이 아닌가? 우리가 배우고 있는 덧셈은 무한 번 더하는 행위에서는 성립하지 않는 것인가?

네, 너무나 자연스러운 질문입니다. 이런 의문이 자연스럽게 여겨지지 않는다면 애초에 적분을 알고 있던 영재이거나, 아니면 책이나 교과서에 적혀 있는 내용은 모두 참이라고 믿는 순진한 학생일 것입니다. 책은 가끔 거짓말을 합니다. 아니, 정확히 말하면 내용 전달을 위해 약간 각색할 때가 있답니다. 그러니 책을 볼 때도, 선생님의 강의를 들을 때도 항상 집중해서 다른 상황에서도 그 내용이 참이 될 수 있는가를 의심해 보세요. 그리고 참이라는 확신은 증명이라는 약간은 어려운 과정을 통해 얻으세요. 증명이 됐다면 밀어붙이세요. 그렇다고 선생님이 칠판에 쓰는 덧셈 계산이 언제 틀리는지 두고 보자는 식이면 곤란하고요.

네 번째 수업 시간에도 잠깐 언급했지만, 이 질문은 해결하기가 까

다로웠습니다. $\int f(x)dx$를 창안한 수학자 뉴턴이나 라이프니츠의 수학 실력과는 무관하게 당시의 수학 지식으로는 해결할 수 없었기 때문입니다. 이 의문에 대한 답을 얻으려고 수학자들은 200년 동안이나 고심에 고심을 거듭하고, 수많은 시행착오를 겪게 됩니다. 그렇기에 그 내용 또한 심오합니다. 어쩌면 여러분이 이해하기 힘들 수도 있겠네요.

시간을 거슬러 올라가서 아르키메데스의 작업실로 이동합니다.

본래 선분은 두께가 없기 때문에 넓이를 갖지 않습니다. 선분의 넓이가 0이라는 사실은 증명하지 않는 대전제, 수학 용어로 공리라고 합니다. 밑변이 0인 삼각형은 존재하지 않습니다. 밑변이 0이면 두 대변이 하나로 만나고, 각 또한 0°가 되기 때문에 더 이상 삼각형이 아닙니다. 삼각형의 성질들, 이를테면 세 내각이 존재하고, 내부의 영역과 외부의 영역이 세 변에 의해 명확하게 구분되는 것들이 성립하지 않습니다. 내부의 영역도 없기에 넓이도 없습니다. 굳이 삼각형이고 싶다면 넓이가 0인 삼각형이라고나 할까요?

아르키메데스가 원의 넓이를 구할 때 사용한 조각 삼각형들은 결국에는 넓이가 0인 삼각형이 됩니다. 그래야 원의 넓이가 되는 직사각형을 만들 수 있거든요. 그도 이러한 약점을 잘 알고 있었을 것입니다. 그래도 신기하게 원의 넓이를 구했지 않습니까? 넓이가 원과 같아지는 정다각형을 만드는 것이 더 중요했을 것입니다.

　잠깐, 여기서 원의 넓이가 '원주율 곱하기 반지름의 제곱'이라는 걸 의심하는 건 아니겠죠? 이건 참입니다.

　0을 무한히 많이 더한 결과 그 값이 0이 아닌 양수_{원주율}이 나왔었죠? 가 나오는 결론을 얻은 아르키메데스는 과연 어떤 생각이 들었을까요? 잘못된 계산이라고 생각하고 내팽개쳤을까요? 아닙니다. 오히려 다른 도형의 넓이를 구하는 것으로 그 응용 범위를 확대시킵니다.

　아르키메데스는 타원의 넓이 구하기에 도전합니다. 그것도 다각형을 이용하지 않고 직접 선분을 이용해서요!

　타원을 그리는 방법은 약간 까다롭습니다. 하지만 원의 양쪽에 같은 힘을 주고 지그시 눌렀을 때의 모양을 생각하면 됩니다. 아래 도형이 타원입니다.

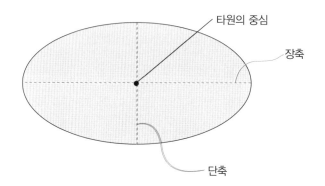

타원의 중심

장축

단축

타원 또한 원처럼 중심이 있습니다. 그 대신 원의 반지름이 아니라 중심에서 타원에 이르는 가장 짧은 선분과 가장 긴 선분을 만들 수 있습니다. 이들을 각각 **단축**, **장축**이라고 합니다. 참고로 장축과 단축의 길이가 같은 두 타원은 같은 모양, 같은 크기를 갖습니다. 반지름을 알면 원을 그릴 수 있듯이, 장축과 단축을 알면 타원을 그릴 수 있습니다. 자세한 이야기는 〈수학자가 들려주는 수학 이야기〉 시리즈 《이차곡선 이야기》에서 다룰 것입니다.

우리 주변에 있는 타원을 찾아볼까요? 선생님은 하나 알고 있는 게 있어요. 바로 지구가 태양을 공전할 때 지나가는 궤적이 타원이에요. 옛날 과학자들은 지구를 중심으로 태양과 다른 행성들이 원운동을 한다고 했지요. 바로 '천동설'입니다. 그런데 코페르니쿠스가 최초로 태양이 중심에 있고 지구와 나머지 행성들이 태양 주위를 돈다는 '지동설'을 주장하며 책을 통해 발표합니다. 발표 당시에는 많은 탄압이 있었지만, 결국 진리는 승리하는 법. 지동설이 설득력을 얻게 되었고 케플러라는 과학자가 행성들의 궤도가 원이 아니라 타원이라는 것을 발견합니다. 그리고 뉴턴이 지구가 태양을 타원 궤도로 공전하는 원인을 수학적으로 증명합니다. 이때 사용한 수학 도구가 바로 미분과 적분이지요. 하지만 안타깝게도 우주에서 지구가 지나간 궤도를 볼

수는 없습니다. 나중에 우주여행이 보편화되면 우주에서 초저속 카메라로 지구가 공전하는 궤적을 직접 그릴 수 있을 때가 오겠지요?

반지름의 길이가 a인 원을 그려 봅시다. 그리고 단축의 길이가 $2a$이고, 장축의 길이는 $2b$인 타원을 그려 봅시다. 단, 두 도형을 서로

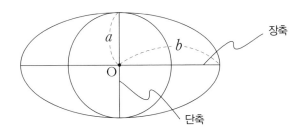

리만이 들려주는 적분 1 이야기

접하게 그립니다. 그러면 그림처럼 타원 속에 원이 위치하겠지요. 참고로 a보다 b가 더 크며 그림에서 수평으로 그은 선이 장축입니다.

장축의 길이와 지름의 길이의 비는 $b:a$입니다.

이제 타원의 내부에 장축과 평행한 선분을 그어 보세요. 놀랍게도 이 선분의 길이와 원의 내부에 위치한 선분 조각의 길이의 비 또한 $b:a$입니다. 장축과 평행한 모든 선분이 이러한 비를 유지합니다.

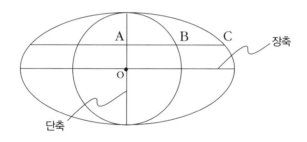

이제 타원을 다 채울 때까지 그 내부에 무수히 많은 장축과 평행한 선분을 만들어 봅시다. 그 선분들을 모으면 타원이 되겠죠? 선분을 모아 만든 영역의 내부엔 원이 위치하고 있고, 모든 선분이 각각 자신의 $\frac{a}{b}$배 길이만큼 원의 내부에 있습니다. 즉, $\overline{AC}:\overline{AB}=b:a$입니다. 따라서 타원의 넓이는 원의 넓이의 $\frac{b}{a}$배가 됩니다. 그런데 원의 넓이가 $\pi \times a^2$이니까 타원의 넓이는 얼마가 될까요?

타원의 넓이

$$= \pi \times a^2 \times \frac{b}{a} = \pi \times a \times b$$

즉, (원주율)$\times \frac{1}{2}$ (장축의 길이)$\times \frac{1}{2}$ (단축의 길이)입니다.

살펴보니, 타원의 넓이 공식에도 원주율이 들어 있네요. 부모의 유전자를 형제자매가 공유하듯이 비슷한 모양의 원과 타원의 넓이 공식에서도 원주율을 공유하는 건 어찌 보면 당연하게 느껴집니다.

어때요? 타원의 넓이를 구하는 과정이 이해가 되나요? 영희는 고개를 갸우뚱하는군요. 그렇습니다. 사실상 이 과정에는 몇 가지 오류가 있습니다. 선분을 모은다고 넓이를 갖는 평면도형이 되지는 않거든요. 영희의 의심은 마땅합니다. 때문에 길이의 비를 이용하여 넓이의 비를 이용하는 것 자체가 비약입니다. 하지만 답은 맞습니다. 신기하죠? 왜일까요? 전 수업 시간에서 배운 직사각형 쌓기로 넓이 구하기 계산에 도전해 본다면 그 이유를 쉽게 알 수 있습니다.

지금부터는 선분의 합으로 도형의 합을 만들 때 생길 수 있는 오류를 살펴보겠습니다.

삼각형 ABC가 있습니다. 두 변 AB와 AC의 중점을 각각 M과 N이라 놓습니다. 중점이란 어떤 선분을 똑같은 길이로 이등분하는 점입니다. 아래 그림에서 보면 $\overline{AM}=\overline{MB}$가 됩니다. 또한 $\overline{AN}=\overline{NC}$입니다. 이 성질 때문에 두 삼각형 ABC와 AMN은 닮음비가 2:1인 닮은 삼각형입니다.

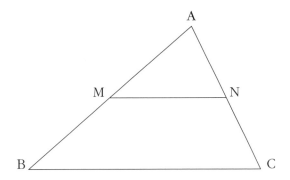

이 경우 두 삼각형의 넓이의 비는 △ABC:△AMN = 4:1입니다.

삼각형의 양변의 중점을 자르면 큰 삼각형은 작은 삼각형 넓이의 4배가 된다.

이제 꼭짓점 A에서 밑변 BC 위의 한 점 P를 잇는 선분을 긋습니다. 그리고 $\overline{MN}$과 만나는 점을 Q라고 놓습니다.

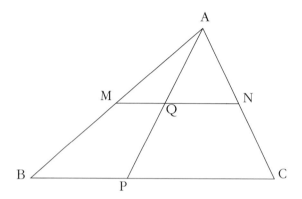

그러면 $\overline{AP}:\overline{AQ}=2:1$이 됩니다. 게다가 삼각형 AMQ와 삼각형 ABP는 서로 닮은 삼각형입니다.

그런데 이 길이의 비는 점 P가 $\overline{BC}$ 위에 있기만 하다면 위치에 관계없이 항상 같습니다. 그러면 아르키메데스처럼 점 A에서 $\overline{BC}$ 위에 내린 모든 선분을 모으면 삼각형 ABC라고 추측할 수 있습니다. 그런데 그 선분의 길이와 삼각형 AMN과 겹치는 부분의 길이의 비는 전체 길이의 꼭 반이 되니까 넓이 또한 반이 된다는 오류에 빠질 수 있습니다.

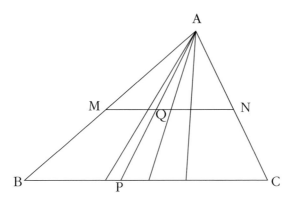

모든 선분의 길이의 비가 2:1이므로 △ABC:△AMN=2:1?

결국 아르키메데스가 했던 선분을 모아 넓이를 계산하는 방법은 오류가 있는 잘못된 방법이었습니다. 여러분은 이 같은 오류가 무엇 때문인지 알겠습니까?

아래의 그림과 같이 타원의 경우 선분을 직사각형으로 만들어도 직사각형의 비가 가로의 길이의 비와 똑같았지만, 삼각형의 경우에

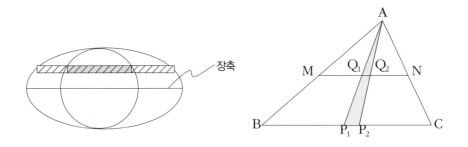

장축

는 그렇지 않습니다. 아무리 밑변을 작게 만들어도 그 값이 0이 아닌 한 큰 삼각형의 밑변은 작은 삼각형의 밑변보다 항상 2배 깁니다. 따라서 넓이도 2배가 아니라 4배가 되는 거랍니다.

수업을 마치기 전에 배운 내용을 다시 정리하겠습니다.

밑변의 길이가 0인 삼각형, 가로의 길이가 0인 직사각형은 존재하지 않습니다. 또한 선분을 모아서는 넓이가 있는 도형을 만들 수도 없습니다. 넓이가 없는 도형을 제아무리 모아도 여전히 넓이가 없는 건 마찬가지입니다. 즉, 0+0+0+…=0입니다.

하지만 우리가 앞서 했던 작업은 어땠나요? 삼각형의 밑변, 직사각형의 가로 모두 한없이 작게 만들어 0에 가깝도록 한다고 했지, 0이라고는 하지 않았습니다. 어떤 값이 0이라는 것과 0에 한없이 가깝다는 것은 엄연히 다른 의미입니다.

게다가 우리가 주목하는 값은 밑변과 가로가 아니라, 그것들이 '0의 값으로 한없이 가까워질 때 그에 따라 변하는 삼각형, 직사각형들의 넓이의 합'입니다. 넓이를 구하려는 우리의 목적을 위해 밑변과 가로의 길이를 0에 가깝게 보낸 것 이상도 이하도 아닙니다. 목적을 위해 수단과 방법을 가리지 않는다면 선분을 모아 넓이가 있는 도형을 만드는 오류를 범하는 결과가 됩니다.

다섯번째
수업 정리

1 단축의 길이가 a, 장축의 길이가 b인 타원의 넓이 공식

$$원주율 \times \left(\frac{1}{2} \times 단축의\ 길이 \right) \times \left(\frac{1}{2} \times 장축의\ 길이 \right) = \pi \times \left(\frac{1}{2}a \right) \times \left(\frac{1}{2}b \right)$$

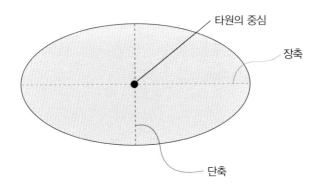

타원의 중심

장축

단축

2 적분 과정에서 행해지는 직사각형들의 넓이 합을 구할 때 직사각형들의 가로는 결코 0이 아닙니다. 단지 0에 무한히 가까운 양수일 뿐입니다. 적분값은 직사각형의 가로가 0에 무한히 가깝게 접근할 때, 그에 따라 변하는 삼각형, 직사각형들의 넓이의 합입니다.

적분과 넓이

숫자는 같은데 적분으로 구했더니
음의 부호가 앞에 붙어 있어요.
넓이는 음수가 되지 않는데 어떻게 된 거죠?
어떻게 넓이가 음수가 될 수 있는 거죠?

1. 좌표평면 위에 그려진 도형의 위치에 따라 적분값이 넓이가 안 될 수도 있음을 이해합니다.
2. 적분 공식을 적용해 적분값을 구해 봅니다.

미리 알면 좋아요

1. 좌표평면 점에 고유 좌표값을 매길 수 있도록 한 평면

2. 그래프 함수의 모든 값들을 좌표평면에 표시했을 때 만들어지는 직선 혹은 곡선

지금까지 우리들은 적분값 $\int_a^b f(x)dx$의 의미를 이해하는 데 노력을 기울였고, 그에 맞춰 수업을 진행했습니다.

적분값 $\int_a^b f(x)dx$를 네 개의 직선혹은 곡선으로 둘러싸인 도형의 넓이로 이해하는 데 수업의 초점이 맞춰졌습니다. 이번 수업에서는 나를 찾아왔던 두 명의 친구가 털어놓은 고민을 여러분과 함께 해결하는 것으로 시작할까 합니다.

한 명은 여러분의 친구일 수도 있겠네요. 막 적분이 넓이를 구하는 도구임을 배운 친구입니다. 그 친구가 사는 마을에는 큰 공원이 하나 있는데, 그 공원을 만든 건축가는 삼각형을 매우 좋아했는지 공원의 모양이 아래처럼 생겼습니다.

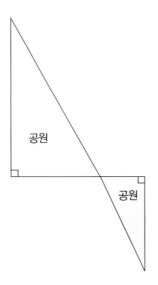

공원은 도로망이 만들어 낸 두 개의 직각삼각형 모양을 하고 있는데, 한 지점이 서로 만나고 있습니다.

우리의 친구는 도로가 만나거나 꺾어지는 지점 사이의 거리를 오른쪽 페이지의 그림처럼 구해 왔습니다. 그리고 가상하게도 공원의 넓이를 구해 보았다고 했습니다. 다음 그림은 도로를 선으로 그린 다음 도로의 길이를 표시한 것입니다.

리만이 들려주는 적분 1 이야기

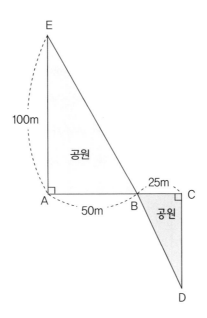

각각의 선분 BD, CD, BE의 길이는 표시하지 않았더군요. 하지만 삼각형의 닮음을 알고 있다면 닮음비를 이용하여 모든 선분의 길이를 구할 수 있습니다. 선분 CD의 길이는 50m입니다.

공원의 넓이는 두 삼각형 △ABE와 △BCD의 넓이의 합입니다. 두 삼각형은 직각삼각형이므로 넓이 공식을 이용하면, 공원의 넓이는

$$\triangle ABE + \triangle BCD = \left(\frac{1}{2} \times 100 \times 50\right) + \left(\frac{1}{2} \times 50 \times 25\right)$$

$$= 2500 + 625 = 3125㎡ 입니다.$$

그런데 이 친구는 최근에 선생님과 공부했던 적분을 떠올렸습니다. 적분을 이용해서 공원의 넓이를 구해 봐야겠다고 생각한 것이죠.

그래서 공원의 모양을 좌표평면에 그렸습니다. 그리고 꼭짓점 A를

원점에 오게 하고, 선분 AC를 x축 위에 올려놓았더니 아래의 그림처럼 되었습니다. 점 C의 좌표는 25가 아니라 75라는 것도 놓치지 않았군요.

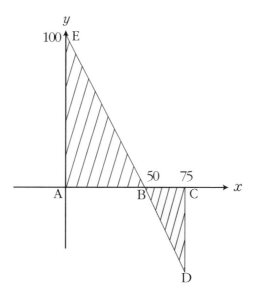

함수 $y=f(x)$를 선분 ED로 두면 되겠다 싶은지 나에게 함수식이 무엇인지 묻더군요. 그래서 $y=f(x)=-2x+100$이라고 가르쳐 주었습니다.

모든 준비를 끝낸 후 그 친구는 적분으로 계산하기 시작했습니다.

먼저 식을 쓰니 다음과 같습니다.

$$\int_0^{75}(-2x+100)dx$$

기특하게도 $f(x)$가 일차식으로 주어질 때의 적분 공식을 잊지 않고 있네요.

계산한 결과는 다음과 같습니다.

$$\int_0^{75}(-2x+100)dx=\frac{1}{2}\times(-2)\times(75^2-0^2)+100\times(75-0)$$
$$=-(75^2)+100\times75=1875\text{m}^2$$

두 값이 다르게 나오자 그 친구는 다시 계산을 해 보더군요. 하지만 계산은 정확했고, 넓이가 곧 적분값이라고 믿고 있던 친구는 당황하여 나에게 도움을 요청했습니다.

그래서 그 친구에게 적분을 이용해서 △ABE의 넓이를 구해 보라고 했습니다. 그랬더니 다음과 같이 계산하고는 넓이 공식으로 구했던 값과 똑같다고 했습니다.

$$\int_0^{50}(-2x+100)dx=\frac{1}{2}\times(-2)\times(50^2-0^2)+100\times(50-0)$$
$$=-2500+5000=2500\text{m}^2$$

나는 또 적분을 이용해서 △BCD의 넓이도 구해 보라고 했습니다. 계산했더니 다음과 같았습니다.

$$\int_{50}^{75}(-2x+100)dx=\frac{1}{2}\times(-2)\times(75^2-50^2)+100\times(75-50)$$
$$=-(5625-2500)+2500=-625\text{m}^2$$

"삼각형의 넓이 공식으로 구했던 것과 다른 값이 나왔어요."

어떻게 다른가요?

"숫자는 같은데 적분을 이용해 구했더니 음의 부호가 앞에 붙어 있어요. 넓이는 음수가 될 수 없는데 어떻게 된 거죠? 어떻게 넓이가 음수가 될 수 있죠?"

자, 이 친구의 고민을 해결해 볼까요? 계산은 둘 다 맞습니다. 그리고 답이 다르게 나오는 것도 당연합니다. 결론부터 말하자면 두 값이 다른 이유는 △BCD의 넓이가 서로 다르기 때문인데요, 이는 △BCD가 좌표평면의 x축 아래에 있기 때문입니다.

지금까지 도형을 좌표평면에 옮겼을 때, 넓이를 구하려는 도형의 위치는 말하지 않았지만 항상 x축의 위쪽이었습니다. 그리고 되도록 y축의 오른쪽에 위치하게 두었습니다. x축의 위쪽, y축의 오른쪽 부분을 제1사분면이라 하는데요, 이곳에 위치한 좌표값은 x좌표, y좌표 모두 양수라는 특징을 갖습니다.

리만이 들려주는 적분 1 이야기

멋진 공원 설계도를
완성했다.

디자인은 멋지게
나왔으니 공원의
면적을
구해 볼까?

적분을
이용하면
쉽지. 하하!

으악! 귀신 공원이다.
아래쪽 공원의 넓이는
음수가 나왔어!

적분 기호 앞에
－를 붙이면 +가 되니까
걱정 마세요.

응?

　적분이 도형의 넓이를 구하는 도구라고 앞에서 얘기했는데요, 도
형의 한 경계가 되는 함수의 그래프가 x축의 아래에 위치할 경우에는
그렇지 않습니다.

　적분값을 구하는 원리를 다시 살펴봅시다. 좌표평면에 도형을 옮
겨놓는데요, 도형을 x축 아래에 놓아 봅시다.

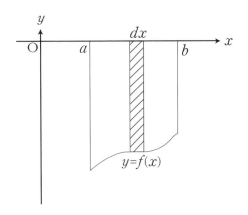

적분은 도형을 작은 직사각형으로 쪼갠 후 그 넓이의 합을 구하는 것이라고 했습니다. 위의 그림에서 빗금 친 직사각형의 넓이는 어떻게 표현될까요? 직사각형의 넓이는 '세로 길이 곱하기 가로 길이'이니까 $f(x) \times dx$인 것 같지만, 아닙니다.

넓이는 양수입니다. 그런데 $f(x)$는 양수가 아니라 음수입니다. x축 아래에 있는 점의 y좌표값은 음수입니다. $f(x)$는 x의 함숫값이고 그 래프는 x축 아래에 있으므로 그래프 위의 점들은 모두 음의 y좌표값을 갖게 됩니다.

따라서 빗금 친 직사각형의 넓이는 $-f(x) \times dx$입니다. 때문에 $f(x)dx$ 값들을 모은 적분값 $\int_a^b f(x)dx$는 도형의 넓이에 음의 부호 '$-$'를 붙인 값이 계산되었던 것입니다.

그러면 적분을 응용해 x축 아래에 위치한 도형의 넓이를 구하려면 어떻게 해야 할까요? 적분값을 다시 양수로 만들어야 하니까 적분 기호 앞에 '−'를 붙이면 됩니다.

$$-\int_{50}^{75}(-2x+100)dx=-(-625)=625\text{m}^2$$

자, 이제 고민이 해결됐나요?

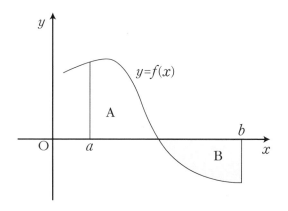

정리하면, 위 그림에서 A, B가 각각 두 도형의 넓이라 할 때,
$\int_a^b f(x)dx$=A+(−B)=A−B입니다.

✦ 여섯번째
수업 정리

① 좌표평면 위에 도형이 있는 지점이 x축 아래이면, 적분값은 음수가 되므로 도형의 넓이가 될 수 없습니다. 이런 경우 적분값을 양수로 만들어야 하니까 적분 기호나 음수의 적분값 앞에 '−'를 붙이면 됩니다.

② 아래 그림에서 A, B가 각각 두 도형의 넓이라 할 때, $\int_a^b f(x)\,dx$=A+(−B)=A−B입니다.

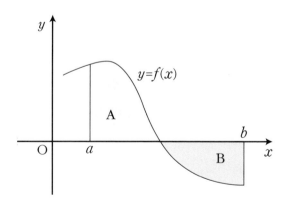

카발리에리의
원리

적분을 생각하면서 무릎을 탁 쳤습니다.
두 도면에 있는 오솔길은 서로 같은 넓이였습니다.
오솔길을 만드는 조건대로라면 어떻게 만들든지
도로의 되돌아오는 부분만 없다면 오솔길의 넓이는
항상 같습니다.

1. 카발리에리의 원리를 이해합니다.
2. 카발리에리의 원리를 이용해서 여러 도형의 넓이를 구할 수 있습니다.

미리 알면 좋아요

평행 평면 위에 놓인 두 직선이 서로 만나지 않을 때, 두 직선을 서로 '평행' 하다고 합니다. 그리고 평행인 두 직선을 '평행선' 이라고 합니다.

리만의
일곱 번째 수업

나에겐 도시 설계가 직업인 친구가 한 명 있습니다. 도시 설계가는 도시 계획이라든지 공원 설계 등을 직업으로 하는 전문직입니다.

그 친구가 하루는 나에게 두 장의 도면을 들고 와서 고민을 털어놨습니다.

현재 시청 앞에 한 변이 50m인 정사각형 모양의 광장이 있는데 그곳에 잔디를 심고, 잔디를 가로지르는 오솔길을 하나 만들기로 했답니다. 그 오솔길을 만드는 조건이 좀 특이했는데, 오솔길에 세로로 선분을 하나 그었을 때 선분에 의해 잘린 오솔길의 폭이 1m가 되어야 한다는 것이었습니다.

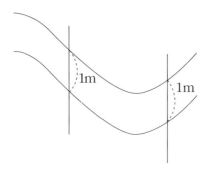

나는 참 이상한 조건이라고 생각했습니다. 어쨌든 친구는 시민들이 산책을 즐길 수 있게 아래의 1번 도면처럼 설계를 했지만, 시청 직원은 최대한 빨리 잔디밭을 가로지를 수 있는 직선 길로 교체해 줄 것을 원했습니다. 그래서 아래와 같이 2번 도면을 하나 더 설계했습니다.

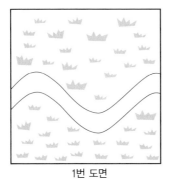

1번 도면

2번 도면

그런데 시청 직원이 두 도면을 번갈아 보더니 두 도면의 잔디밭 넓이가 얼마인지를 물었답니다. 친구는 2번 도면은 답을 해 주었는데, 1번 도면은 답을 할 수 없었습니다. 단지 1번 도면에 있는 오솔길이 2번 도면에 있는 오솔길보다 길어 보이니 2번 도면의 잔디밭 넓이가 1번보다 더 클 것이라고만 했답니다. 그리곤 안 되겠다 싶어 나에게 두 도면의 잔디밭 넓이를 구해 달라는 요청을 한 것입니다.

여러분의 생각은 어떤가요? 넓이 문제니까 왠지 적분을 사용할 것 같나요? 잔디밭의 넓이는 광장의 넓이에서 오솔길의 넓이를 빼면 구할 수 있습니다. 결국 이 문제는 오솔길의 넓이가 어떤 게 더 넓은가 하는 문제입니다. 내 친구는 이렇게 생각했다고 했지요?

'1번 도면의 오솔길이 2번 도면의 오솔길보다 기니까 오솔길의 넓이는 1번 도면이 더 클 것이다.'

선생님도 처음엔 그렇게 생각했답니다. 그런데 적분을 생각하면서 무릎을 탁 쳤습니다. 두 도면의 오솔길은 서로 같은 넓이였습니다. 오솔길을 만드는 조건대로라면 어떻게 만들든지, 도로의 되돌아오는 부분만 없다면 오솔길의 넓이는 항상 같습니다.

믿을 수 없다고요? 그럼 계산해 봅시다.

우선 2번 도면의 오솔길 넓이는 쉽게 구할 수 있습니다.

2번 도면의 오솔길 넓이는 직사각형 공식을 이용해서 쉽게 구할 수 있지요. 가로 길이 50m와 세로 길이 1m를 곱하면 50m²가 됩니다.

1번 도면의 오솔길 넓이도 구해 봅시다. 오솔길이 곡선이라 적분을

리만이 들려주는 적분 1 이야기

적용해야 하긴 하는데 이를 그래프로 하는 함수식을 몰라서 그 또한 어려워 보입니다. 하지만 상관없습니다.

먼저 1번 도면의 광장을 좌표평면으로 옮깁니다. 넓이를 구하려면 되도록 도형을 제1사분면에 놓는 게 좋다고 했지요? 그리고 오솔길의 아래 경계를 그래프로 하는 함수를 $y=f(x)$, 위 경계를 그래프로 하는 함수를 $y=g(x)$라 하겠습니다. 우리는 두 함수식을 모두 모르고 있어요.

워낙 이 친구가 꼬불꼬불 길을 만드는 바람에 x에 대한 식으로 나타낼 수 없네요. 하지만 그럴 필요도 없습니다. 이 문제는 함수식을 몰라도 풀 수 있기 때문이지요.

오솔길을 만드는 조건은 '오솔길에 세로로 선분을 하나 그었을 때, 선분에 의해 잘린 오솔길의 폭이 1m가 된다'는 것이었죠. 이 경우 오솔길의 두 경계 부분을 적당히 이동하면 겹쳐지게 됩니다. 빈 종이에 곡선을 하나 그리고 모든 점들의 1cm 위를 찍은 다음 그 점들을 연결해 보면 확인할 수 있습니다.

예를 들어 x축 위의 점 (10, 0)에서 조건에 맞게 수직으로 선을 그었을 때, 오솔길의 경계선과 만나는 두 점을 위에서부터 A, B라고 하면 A의 좌표값은 (10, $g(10)$)이 되고, B의 좌표값은 (10, $f(10)$)이 됩

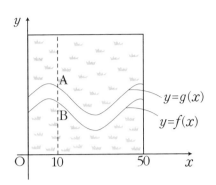

니다. 이제 조건에 따라 비교할 두 수는 $g(10)$과 $f(10)$입니다. 이때 $g(10)$은 $f(10)$보다 1이 더 클 것입니다.

즉, $g(10)=f(10)+1$, 같은 식으로 $g(10)-f(10)=1$입니다. 이처럼 x축 위의 0과 50 사이의 모든 점은 다음과 같은 규칙을 갖게 됩니다.

$g(x)-f(x)=1$, 이때 x는 0과 50 사이의 수

이번에는 오솔길의 넓이를 적분으로 표현하면 아래와 같습니다.

$$\int_0^{50}\{g(x)-f(x)\}dx$$

오솔길의 넓이를 적분을 이용해 계산하면 다음과 같습니다. 역시 일

리만이 들려주는 적분 1 이야기

차식의 적분 공식을 이용하겠습니다.

$$\text{오솔길의 넓이} = \int_0^{50} \{g(x) - f(x)\}dx$$
$$= \int_0^{50} 1 dx$$
$$= 1 \times (50-0) = 50 \text{m}^2$$

2번 도면의 오솔길과 그 넓이가 같습니다!

이 얘기를 친구한테 했더니 반신반의합니다. 수학은 내가 더 잘하니까 반박할 수도 없고, 그렇다고 그냥 믿자니 1번 오솔길이 더 넓어 보이고……. 그런데 어떤 도면이 채택되었을까요? 그건 여러분의 상상에 맡기겠습니다.

이 문제는 수학에서 대표적인 착시 현상입니다. 하지만 조금만 생각하면 쉽게 풀리는 문제이지요.

오솔길을 만드는 조건 자체가 바로 함정입니다. 흔히 생각하는 도로의 폭이 1m라고 말하는 것 같지만, 아닙니다. 실제 폭은 도로의 경계에 수직으로 그었을 때 도로 내부에 그려진 선분의 길이입니다. 위의 조건과는 분명히 다르지요? 2번 도면의 조건은 그 자체가 오솔길의 폭을 규정한 것이지만 1번 도면의 오솔길은 그렇지 않습니다. 자세히 보면 오솔길이 두꺼워졌다 얇아졌다 하는 것이 보일 것입니다.

다음 그림을 보면서 음미해 보세요.

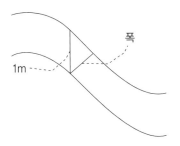

　이 문제는 도로의 함수식을 알지 못해도 적분의 성질을 이용하여
쉽게 도로의 넓이를 구할 수 있는 대표적인 적분 문제입니다. 이러한
적분의 원리는 적분 기호보다 더 오랜 역사를 가지고 있으며 워낙에
유명한 법칙이라 이름도 붙여졌습니다. 이 원리를 발견한 수학자의
이름으로 말이죠. 그 원리를 정리하면 다음과 같습니다.

카발리에리의 원리

두 평면도형이 한 쌍의 평행선 사이에 들어 있고 이 직선과 평행한
임의의 직선을 평행선 사이에 그었을 때, 그 직선에 의해 잘린 평면
도형의 두 선분의 길이가 항상 같다면 두 평면도형의 넓이는 같다.

　실제 카발리에리의 원리는 이보다 더 많은 내용을 담고 있지만, 여
기서는 간단히 살펴보겠습니다.

리만이 들려주는 적분 1 이야기

카발리에리F. B. Cavalieri, 1598~1647는 이탈리아의 도시 밀라노에서 태어난 성직자이자 수학 교수입니다. 그는 통풍이라는 질병을 앓고 있었는데, 통증이 굉장히 심한 병이라고 합니다. 일설에 의하면 그는 통증을 잊기 위해 수학 문제를 풀었다고 하는데요, 확인되지는 않았습니다. 아마 성직자라서 인내심이 남달랐을 것입니다.

앞에 나왔던 두 오솔길을 한데 모아 그려 보았습니다.

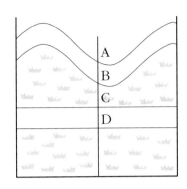

　오솔길의 넓이 문제는 카발리에리의 원리를 응용하여 해결할 수도 있습니다. $\overline{AB}=\overline{CD}=1$이 되므로 카발리에리의 원리가 성립합니다. 따라서 두 오솔길의 넓이는 같습니다.

　카발리에리의 원리는 쌓아 올린 카드 옆면의 넓이를 구하는 문제에서 빛을 발합니다.

　아래의 그림처럼 직육면체 모양으로 카드를 쌓아 놓았습니다. 이것의

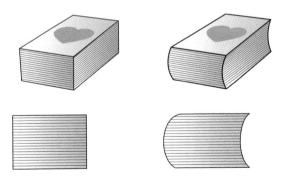

리만이 들려주는 적분 1 이야기

윗부분을 약간 왼쪽으로 밀었더니 오른쪽의 그림처럼 만들어졌습니다. 오른쪽의 그림처럼 모양이 변했을 때 옆면의 넓이는 얼마가 될까요?

답은 정말 간단합니다. 원래의 옆면 넓이와 같습니다. 카드의 개수를 더하지도 빼지도 않고, 단지 공간상에 놓인 위치만 바꾸었을 뿐이니까요.

오늘은 우리가 함께 수업하는 마지막 시간이었군요. 일곱 번의 수업을 통해 적분을 공부해 왔지만, 사실 적분값을 계산하는 것보다 그 원리를 이해하는 데 수업을 집중했기 때문에 여러분의 궁금증이 더 쌓였을 수도 있습니다. 오히려 적분값을 적분으로 구했다기보다 우리가 익히 알고 있는 도형의 넓이나 부피를 가지고 풀어 나갔기 때문에 적분값을 구하는 방법이 있기나 한 건지 의심할 수도 있겠습니다.

　게다가 적분의 활용은 도형의 넓이 구하기에 국한되지 않습니다. 넓이는 어디까지나 적분의 이해를 돕기 위한 하나의 도구랍니다. 실제로 적분은 길이, 넓이, 부피 등 도형의 형태를 측정하는 거의 모든 분야에 응용됩니다. 또한 무게, 속도, 에너지, 힘 등 적분을 이용하여 구할 수 있는 값은 매우 많습니다. 넓이는 그중에서 가장 단순하며 이해하기 쉬운 측정값입니다.

　잠깐, 아직 적분 수업이 끝나지 않았습니다. 다음 2편의 적분 수업에서는 $\int_a^b f(x)dx$의 적분값을 구하는 방법을 배웁니다. 이 책에서 나오는 함수 $y=f(x)$는 직선을 나타내는 일차식입니다.

　그런데 $f(x)$는 우리가 만들 수 있는 모든 x에 대한 식이 다 올 수 있습니다. x^2, x^3, $\dfrac{1}{x}$ 등 많습니다. 그렇다고 각각의 함수들에 대한 적분값 $\int_a^b x^2 dx$, $\int_a^b x^3 dx$, $\int_a^b \dfrac{1}{x} dx$들을 모두 직사각형을 쪼개는 방법으로 해결하기에는 매우 지루하고 또 비효율적입니다.

　그래서 많은 수학자들이 적분을 쉽게 계산할 수 있는 방법을 찾아왔고, 그 결과 400년 전 뉴턴과 라이프니츠에 의해 결실을 맺었습니다. 그 방법은 바로 미분을 이용하는 것입니다.

　여러분은 수학을 접하면서 미적분학이라는 용어를 들어 봤지요?

미분 또한 적분과 마찬가지로 고등수학의 한 분야입니다. 그리고 적분만큼 내용이 꽤 복잡합니다. 그런데 독립된 것처럼 보이는 두 학문이 실은 쌍둥이처럼 서로에게 영향을 미치며 항상 함께하는 운명을 타고났다는 것을 발견했습니다. 바로 뉴턴과 라이프니츠가 말입니다. 때문에 대학교에서는 미분과 적분을 따로 배우지 않고 함께 배웁니다. 수학 과목 또한 미분학과 적분학을 합한 미적분학입니다.

적분값의 계산은 미분을 이용하면 쉽게 할 수 있습니다. 아직 미분의 뜻조차 모르는 친구들이 많지만 어쨌든 미분이 적분보다 계산이 쉽다는 건 수학하는 사람들에겐 통설로 알려져 있습니다. 물론 내용의 난이도는 오십보백보이지만요.

적분에 대해 좀 더 알고 싶다, 적분이 활용되는 부분을 더 알고 싶다면 이 수업의 후속인 〈수학자가 들려주는 수학 이야기〉 시리즈《적분 2 이야기》를 꼭 읽어 보세요.

수업 정리

카발리에리의 원리

두 평면도형이 한 쌍의 평행선 사이에 들어 있고 이 직선과 평행
한 임의의 직선을 평행선 사이에 그었을 때, 그 직선에 의해 잘린
평면도형의 두 선분의 길이가 항상 같다면 두 평면도형의 넓이는
같습니다.